城市生态版图理论与应用

覃盟琳◎著

中国建筑工业出版社

图书在版编目（CIP）数据

城市生态版图理论与应用 / 覃盟琳著．— 北京：中国建筑工业出版社，2011.10
ISBN 978-7-112-13463-2

Ⅰ.①城… Ⅱ.①覃… Ⅲ.①城市环境：生态环境 — 研究 — 中国 Ⅳ.①X21

中国版本图书馆CIP数据核字（2011）第156972号

城市生态版图是指城市发展消费的各种生态系统服务在地球表层所形成的空间格局。传统上人们习惯采用计算城市生态承载力（即在不影响城市生态系统结构与功能的条件下，城市生态系统能为外部提供的最大生态系统服务，或吸收的最大容量污染物）的方法来分析与评价城市的发展状况，并借此决定城市未来发展的模式和规模。但是这一理论在实际应用中存在很多缺陷，例如，以城市生态承载力来分析，北京、上海就无法发展成现在的规模。造成这一矛盾的主要原因是简单地认为城市行政区就是计算城市生态承载力的空间单位。城市生态版图与城市生态承载力最大的区别就在于打破了研究的行政边界，用一种动态、全局的观念来观察与研究城市的发展。

* * *

责任编辑：王　磊　田启铭
责任设计：董建平
责任校对：肖　剑　陈晶晶

城市生态版图理论与应用
覃盟琳　著
*
中国建筑工业出版社出版、发行（北京西郊百万庄）
各地新华书店、建筑书店经销
北京京点设计公司制版
廊坊市海涛印刷有限公司印刷
*
开本：787×1092 毫米　1/16　印张：12　字数：227 千字
2012 年 3 月第一版　2013 年 5 月第二次印刷
定价：56.00 元
ISBN 978-7-112-13463-2
(21239)

序

以同济大学吴志强教授为首席科学家负责的国家“十一五”重大科技支撑项目《城镇化与村镇建设动态监测关键技术》（2006BAJ11）于2006年立项，李京生教授承担其中子课题《城镇化生态承载力评价预警体系关键技术研究》，我作为建筑城市规划学院A15生态景观与城市研究团队成员，自然参与这一重大项目的研究，我们的子课题是《城镇边缘区生态监测预警关键技术研究》，该课题的突出特点是强调技术应用，把生态城市的理论研究成果转向可操作的应用成果，为政府科学决策提供直接的科技支撑。

覃盟琳也正是这时考入同济攻读博士研究生，他本科与研究生学生态，到同济与景观规划嫁接，开展生态城市规划设计研究，大方向是很好的，属于跨学科研究，从生态学理论来看，物种杂交有利于优良品种的产生，学科交叉在科学研究史上也有很多这类现象的出现，一些重大研究成果多是学科交叉研究中产生的。生态学与城市规划的交叉能结什么果？这个果的养分含量怎么样？有待各位大家的品与鉴。

目前对生态城市的观点、理论很多，实践也很多，关键的问题是把握一个基本点：生态城市是指城市与自然环境的关系，还是指城市与自然、社会、经济、文化、材料的复合关系？生态城市是一种理念、一种理论还是一个模型、一种城市结构与形态？与其他城市的根本区别是什么？如何度量生态城市？从生态承载力到生态足迹是人类认识史上一次重大进步，人类活动对地球资源的消耗度量从单项要素的界定到综合性界定找到了一种度量方法，尽管这种方法还存在很多问题，但生态足迹理论首次把生态消耗与土地面积联系起来，这种思路对城市规划的生态追求是一个很好的启发。

覃盟琳在博士论文研究过程中也是围绕这个思路来展开的，生态足迹提出了生态消耗与土地面积的定量关系，但是哪里的土地来提供生态资源没有解决，这些土地的生态供给在空间分布上有没有规律可循？绝大多数城市的正常发展所要消耗的生态资源都是依靠城市行政区以外的资源来支持的，甚至全球资源来支持的。覃博士把城市发展所需要的生态资源空间分布格局称之为生态版图，这样一个城市有两个版图：行政版图与生态版图，行政版图是有边界的，具有政治性，生态版图是没有边界的，即使有也是动态的，市场的力量起决定性作用，有时政治也起重要作用。

序

人类的生存和发展依赖于自然环境，城市的可持续发展需要良好的自然生态系统来支撑。很多学者认为城市发展模式、发展规模的选择将决定城市能否在自然生态系统的承载范围内可持续发展。目前生态城市理论研究成果很多，这些理论如何真正地指导城市发展、城市建设与管理是一个急需解决的问题，景观与城市规划设计在理论研究不足的前提下已经先行，在实践中研究、总结、提升。总之各路英豪面对共同的问题各显神通，奉献智慧，志在富民强国。

《城市生态版图理论与应用》一书共十章，从理论构建到理论应用，逻辑框架比较完整，提出了城市生态版图空间结构动态性合理性特点、城市发展通过城市生态版图影响到全球生态系统、城市生态版图动态会影响到城市四个方面的生态效应、城市发展的生态伦理观有待建立等创新性观点，并以义乌和南充为实例具体研究了生态版图的分布特征及其理论价值，由此进一步论证城市空间、土地利用、产业发展、人口发展等关键要素的发展策略，这些研究对生态城市规划设计理论与实践是一种有益的探索。

盟琳博士毕业后仍坚持不懈延续这一领域的研究，值得赞赏。作为盟琳的指导教师，有义务为学生辛勤之作的过程与背景做一交代。不足之处请各位批评指正。也很高兴为第一位博士毕业生著作写几句，交流心路历程。

吴承照

2012年2月

自·序 

起初，是对城市生态承载力的思考。自20世纪80年代改革开放以来，我国城镇化水平不断提高，城市在给我们带来社会与文明甜果的时候，也带来了一系列或显或隐的生态危机。此过程中，人口属性的变化只是一个表象，实质问题是社会人文形态、劳动方式和生活方式对环境资源压力的变化。其中一个重要变化是人口空间分布将激烈变化，并出现局部快速膨胀，空间的不可流动与人口激烈的流动形成尖锐矛盾，造就了相应的城市发展时代问题。这一时代转变可以概括为："计划经济走向市场经济，需求型转向供给型城市发展模式"[1]，这一转变提出了城市能供给多少资源的课题，即城市生态承载力多大？生态承载力在城市生态规划建设中的应用，前人已作了很多研究，也提出了很多反思。研究结果揭示了城市生态资源消费与生态资源供给之间的关系，并指出可能对生态环境的负面作用。但现有研究成果还不能有效地指导城市发展，如在相同的城市生态资源消费总量条件下，生态占用的不同空间模式会直接影响到城市的生态质量、生态安全与生态效率，这是现有研究成果所没有解释的，但这些问题在城市研究中非常重要。

后来，研究重心转向对城市生态版图的探讨。鉴于传统生态承载力研究方法在运用到城市分析中存在的缺陷，提出城市生态版图理论，并探讨其在城市生态分析中的有效性和实用性。城市生态承载力的定义为在不影响到城市生态系统结构与功能的条件下，城市生态系统能为外部提供与吸收最大的生态资源与排出污染物。定义涉及两个核心问题，一是怎样计算城市生态系统为外部提供与吸收最大的生态资源与排出污染物，即城市生态系统服务的极限计算；二是城市生态系统的边界问题。第一个问题很明确，就是计算技术问题，而第二个问题却往往被简单化，造成城市生态承载力理论不能很好地指导城市规划实践。对于城市生态承载力定义中的城市生态系统，需要深入探讨，可以用两种方式来理解城市生态系统的含义：一是城市行政区空间内的城市生态系统，二是城市可支配空间内的城市生态系统。用两种理解计算出的城市生态承载力完全不一样，原因就是对城市生态系统的边界界定的差异。目前在很多研究中，用城市行政区空间单元来计算城市生态承载力，其计算结果与现实情况却相差很远，例如以城市行政区内生态承载力来分析，深圳、上

[1] 彭震伟.科学发展观指导下的城市总体规划编制[J].理想空间，2007：6-8.

海就不应该发展成现在的规模。造成计算结果与现实情况相互矛盾的原因就是简单地认为城市行政区就是计算城市生态承载力的空间单位。以行政版图边界来计算城市生态承载力，明显与现实不符，因为行政版图内的生态资源并不一定全部为城市所支配，而城市发展需要的生态资源并不一定全部来自城市内部。因此，以行政版图边界来计算城市生态承载力，计算的结果是城市所坐落空间范围内的生态承载力，而不是城市本身的生态承载力。

那么，城市生态承载力支撑土地的边界在哪里？如果以第二种方式理解，即城市可支配空间内的城市生态系统作为城市生态承载力计算的边界，由于城市极度开放，城市存在大量生态资源流入流出，那么城市生态承载力支撑土地的边界是动态的，这种动态过程与城市发展之间的关系是怎样的？这成为本书核心探讨的问题。

在对城市生态版图深入研究之后，深刻认识到城市发展实质就是城市竞争，而城市竞争就会出现城市二元分化，或者表述为城市发展的非合作博弈。城市作为最大生态资源的消费体，其生态占用的外部性无疑是影响生态资源市场配置的核心因素，所以城市生态占用外部性的研究，即从城市生态版图来研究城市对生态环境的影响，对解决城市或区域间的生态问题将会有新的发现与解决途径。不可否认的是，发达城市生态利用效率极高，落后区域的生态利用效率低，从市场配置角度来讲，生态资源都应进入发达城市。但这种后果导致的是生态空间局部失调，从而使生态空间局部生态破坏。这就是生态资源配置的市场高效性，却是生态资源空间分配的非生态性。

基于上面的思考，如就中国来说，东部沿海地区发达城市由于通过市场获得大量的生态资源，其持续性不断提高，而西部落后城市在市场作用下，生态资源不断外输，进而出现其生态足迹大于其生态承载力，从而导致其持续性不断降低，最后出现东西部城市发展可持续性的两极分化。怎样解决城市生态消费过度使用外部资源，市场配置有效性与生态需要之间怎样协调发展？这些已经不是技术所能解决的问题，也许需要从体制、政策等方面去解决，但这些东西都在变，也许不变的是城市责任，城市责任理念的提出是本书的回归点。

2009年和2010年，分别在丹麦首都哥本哈根和墨西哥坎昆召开《联合国气候变化框架公约》第15、16次缔约方会议暨《京都议定书》第5、6次缔约方会议，也称哥本哈根气候大会和坎昆世界气候大会。哥本哈根气候大会更被喻为“拯救人类的最后一次机会”的会议，但时至今日，联合国气候谈判大会下的《联合国气候变化框架公约》缔约方会议已经持续了整整16年，《京都议定书》缔约方会议也已持续了6年。马拉松式的谈判总在人类所面临的共同挑战与国家或者国家集团的私利之间角逐。于是，令各方都满意的一致意见越来越难达成，谈判进程越发艰辛。是技术难题？是资金难题？也许，真正的难题是全球气候变化的责任分配问题！正如中华人民共和国国务院总理温家宝在丹麦首都哥本哈根向全世界号召的一样："气候变化是当今全球面临的重大挑战。遏制气候变暖，拯救地球家园，是全人类共同的使命，每个国家和民族，每个企业和个人，都应当责无旁贷地行动起来"，我们第一步要走出的不是技术或是资金，而是从心中培养起的责任心！

本书的回归点，就是对城市责任的呼吁！通过对城市生态版图理论的探讨，使人们认识到城市与外部世界紧密相连，并极大地影响到外部世界。就当今而言，没有哪个载体比城市具有更丰富的资金、技术、人才，城市发展所带来的负面影响，城市完全有能力解决，城市在获得自身发展的同时，更应该承担起城市共同持续发展的责任！城市责任在行动，更多的城市责任在行动，地球才会真正地为我们而存在！

2012年3月

目·录

第 1 章　竞争中的城市发展　/　1

1.1　生态竞争背景　/　1

1.2　城市生态竞争的探讨　/　11

1.3　生态竞争中的城市问题　/　14

第 2 章　城市生态版图概念的提出　/　27

2.1　城市生态版图的概念　/　27

2.2　城市生态版图的空间特征　/　28

2.3　城市生态版图与城市生态承载力的关系　/　29

2.4　城市生态版图空间结构与城市空间结构的关系　/　31

第 3 章　城市生态版图概念的理论基础　/　33

3.1　生态承载力理论背景　/　33

3.2　生态系统服务理论背景　/　38

3.3　空间经济学理论背景　/　41

3.4　生态位理论背景　/　44

第 4 章　城市生态版图的空间结构与边界　/　49

4.1　城市生态版图的类型构成　/　49

4.2　城市生态版图的用地构成　/　51

4.3　城市生态版图的用地空间模式　/　54

4.4　城市生态版图用地空间分布　/　59

4.5　城市生态版图空间用地平衡分析与分类　/　60

目·录

4.6 城市生态版图边界 / 63
4.7 城市生态版图空间边界动态性与城市适度规模思考 / 66

第 5 章 城市生态版图空间动态过程 / 71

5.1 生态版图空间动态过程的界定 / 71
5.2 生态版图空间动态过程的度量 / 72
5.3 生态版图空间动态过程的动力机制 / 73
5.4 生态版图空间动态过程的生态效应 / 79

第 6 章 城市生态版图定量方法 / 89

6.1 城市生态版图量化的基本假设 / 89
6.2 现有量化方法的适用性评价 / 90
6.3 生态版图量化方法确定 / 92

第 7 章 城市生态版图构建方法 / 97

7.1 城市生态版图构建步骤 / 97
7.2 城市生态版图三类用地计算 / 97
7.3 城市生态版图用地空间分布调查 / 100
7.4 心距与心距层计算 / 102
7.5 城市生态版图绘制 / 104

第 8 章 基于城市生态版图理论分析的城市发展策略 / 109

8.1 城市生态版图理论的基本观点 / 109
8.2 城市生态版图理论对城市发展指导的价值目标 / 111

目·录

8.3 城市发展策略 / 112
8.4 区域发展策略 / 115

第 9 章 城市生态版图应用实践 / 121

9.1 义乌与南充城市发展研究案例 / 121
9.2 《济南南部山区保护与发展规划》案例 / 142
9.3 《楚雄城市发展战略规划》案例 / 150
9.4 《扶绥城市发展战略规划》案例 / 160

第 10 章 结语——城市责任 / 169

10.1 非合作博弈的城市竞争 / 169
10.2 城市责任理念呼吁 / 171

参考文献 / 173

后记 / 178

作者简介 / 180

第 1 章

竞争中的城市发展

快速的经济增长和社会发展加速了人类对生态资源的需求，例如有形资源，如食物、水、能源和矿产，以及无形资源，如交通、生存空间、废弃物处理空间，尤其是消纳化石燃料燃烧排放二氧化碳所需的地球空间。在全球化背景下，由于一国或一城市之内的生态资源已经不能满足其需求，越来越多的生态资源需要从其他国家、城市获得，国家、城市之间的生态资源成为时代的新问题。2001 年，国务院批复的《21 世纪初期首都水资源可持续利用规划》中的水资源供需预测，北京市 2010 年缺水 7 亿 m^3，2030 年缺水 17 亿 m^3，2030 年的 17 亿 m^3 缺水量将从外部调入。这些水从哪里来？哪一个地区将成为北京发展的水源备用地？北京市要解决的问题主要有两个，一是短期从周边地区调水，主要是河北，其次是内蒙古；二是长期南水北调，从湖北引长江水入京。“北京越繁荣，河北就越缺水”现在变成现实，水资源总量不变，此城多彼城必少。2002 年以来，江苏太湖水质问题受到持续重视，同是上海、杭州的水源地，随着上海与杭州城市规模的扩大，两个城市都在寻找未来的水源，对太湖水资源的争夺成为战略任务，水资源的竞争正在上演。更大范围的沿长江流域的重要城市也在为争夺长江资源而紧锣密鼓地展开战略规划。这些都是未来城市发展所要面临的生态竞争，一场所有城市都要面对的竞争，本书也正是从生态竞争开始讲起。

◎ 1.1 生态竞争背景

1.1.1 生态赤字全球化背景

2007 年，全球的生态占用为 180 亿全球公顷，人均生态占用是 2.7 全球公顷。但是，全球只有 119 亿全球公顷的生物承载力，人均为 1.8 全球公顷。这意味着在 2007 年全球消费超过地球供给能力的 50%，人类需要 1.5 个地球才能支持其消费量，见图 1-1。而在 2005 年时，人类需要 1.3 个地球才能支撑其发展。

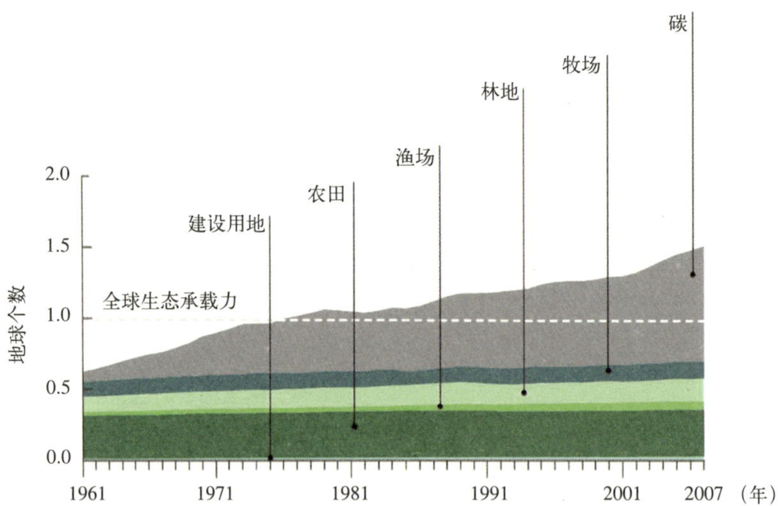

图 1-1 全球生态足迹与生态承载力（引自：全球足迹观测站发布的 2010 年度全球生命力报告）

从 1961 年开始统计全球生态占用与生物承载力，当时人类的生态占用大约占地球可供量的一半，而到 1986 年时，人类的需求第一次超过了地球供给能力，即全球进入生态赤字全球化时代。通过近 20 年的发展，生态赤字累积成为一个更大的生态债务，生态资源枯竭，废物与二氧化碳积累在大气层和海洋中，积累的废物会影响到生物的健康，而这些改变也许是不可逆转的理化性质，这种情况的持续发展将会使生态系统丧失生产力，并最终导致生态系统的崩溃。同时，虽然科学家还不能十分有把握地说出生态的阈值，但越来越多的证据表明，如全球生物多样性的迅速减少和地球变暖，是因为人类的需要与活动已超过一些关键生态的阈值。

人均生态足迹表明不同国家的国民对生态系统的需求量差别非常大。如果世界上的每个人都按美国或者阿联酋国民的平均生活水平生活，那么需要多于 4.5 个地球提供的生态承载力才能满足人类的消费需求和消纳二氧化碳的排放。相反，如果每个人按照印度国民的生活水平生活，不足半个地球的生态承载力即能满足人类的需求。2007 年，经济合作与发展组织的 31 个成员国包含了世界上最富裕的国家，它们的生态足迹占全球生态足迹的 37%。相比较下，东盟（ASEAN）的 10 个成员国和 53 个非洲联盟成员国包含了世界上最贫穷、最不发达的国家，它们的生态足迹仅占全球生态足迹的 12%，见图 1-2、图 1-3。

由于环境条件与土地利用实践的区域差异，生物承载力在全球各个国家与地区之间也具有很大的差异，见图 1-4。从国家尺度来看，中国提供了全球 9.5% 的生物承载力，人均生物承载力为 1.0 全球公顷，但需要全球 15% 的生物承载力来支持消费。在过去的 40 年，人口增长已成为人均生物承载力减少的重点原因，同时也看到自然资源财富和物质消费在地球上不均衡分布，一些国家和地区的生

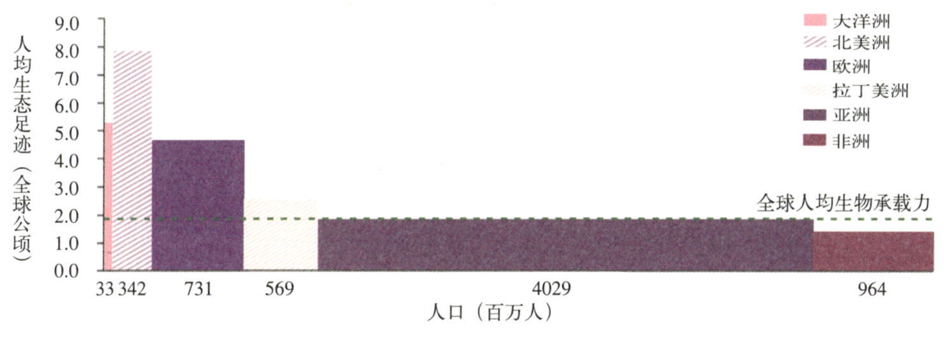

图 1-2
全球 2007 年各区域人均生态足迹
（引自：中国环境与发展国际合作委员会与世界自然基金会联合发布的 2010 年度中国生态足迹报告）

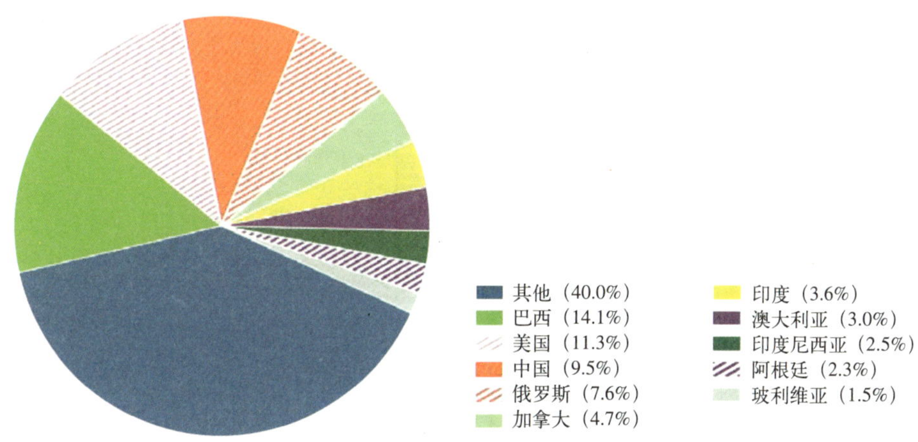

图 1-3　2007 年生物承载力居世界前十的国家

（引自：全球足迹网络（GFN），2010）

态占用大于自己的生物承载力，而另一些则其生物承载力大于其生态占用。

从 20 世纪 70 年代中期开始，中国开始出现生态赤字，并且赤字规模不断扩大。2007 年，中国的生态足迹是人均 2.2 全球公顷，低于全球人均的生态足迹 2.7 全球公顷。中国是世界上人均生态资源最为稀缺的国家之一，尽管生物承载力总量一直在逐渐增高，但生态足迹增加的速度远高于生物承载力的增长速度，人均生态足迹已是生物承载力的 2 倍，生态赤字在逐年扩大。从 20 世纪 70 年代中期以来，农田赤字已经减少，但已处于赤字状态。中国的草场和森林有生态盈余，这些类型的承载力在国家可以供应的范围之内，但是这些盈余随着时间变迁也在减少。渔业方面小的盈余已经转变为生态赤字。随时间最显著的变化是碳足迹的急剧增加。鉴于中国的燃煤电力是碳密集性行业，电力对于减少碳足迹将扮演重要角色。但总体上，2005 ~ 2008 年生态足迹增长速率较之前五年总体上有所放缓。

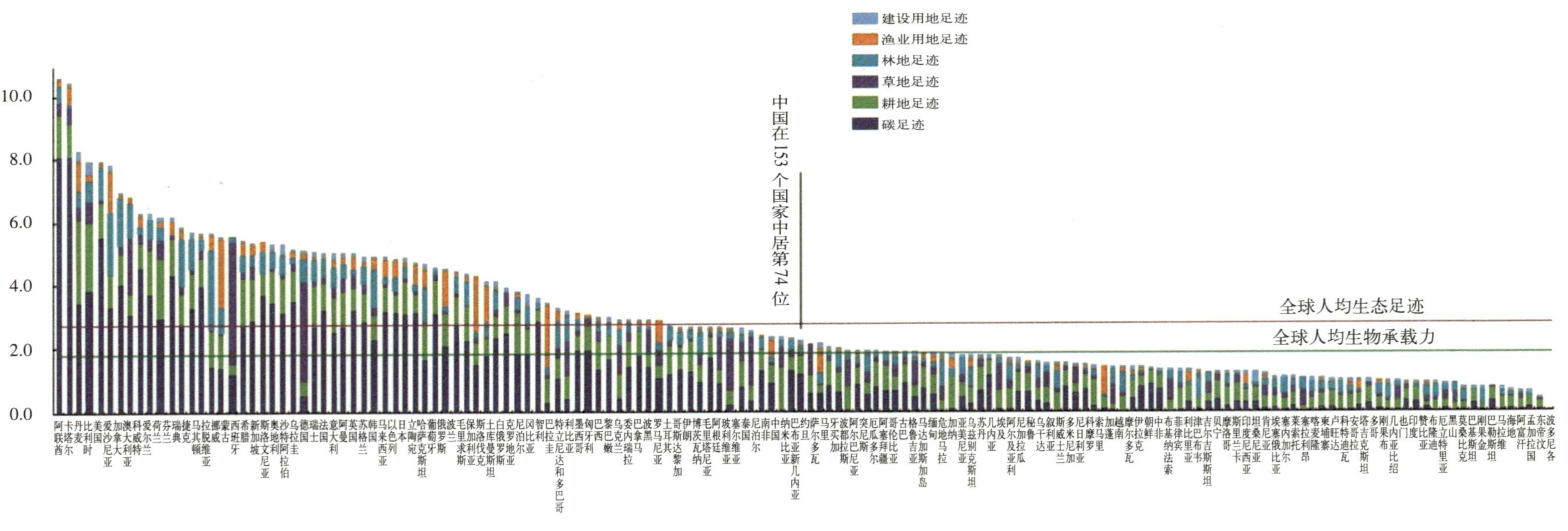

图 1-4 各国人均生态足迹（2007）

（数据来源：全球足迹网络（GFN），2010）

中国生态足迹的空间分布非常不均衡。2008 年，中国总生态足迹较大的省（区、市）（该省（区、市）占全国总生态足迹的 4% 以上）有广东、山东、江苏、河南、四川、浙江、河北、湖南、湖北，合计占全国生态足迹的 53%；总生态足迹居中的省（区、市）（该省（区、市）占全国总生态足迹的 2% ～ 4%）有安徽、辽宁、广西、福建、上海、江西、黑龙江、北京、云南、陕西、重庆、贵州、吉林、内蒙古和山西，合计占全国生态足迹的 41.1%；总生态足迹较小的省（区、市）（该省（区、市）占全国总生态足迹的 2% 以下）有新疆、甘肃、天津、海南、宁夏、青海和西藏，这 7 个总生态足迹较小的地区生态足迹合计仅占全国的 5.9%，但分布着全国 12.3% 的生物承载力。与生态足迹相比，中国的区域生物承载力在省（区、市）水平上的分布更不均衡。2008 年，总生物承载力较大的省（区、市）（该省（区、市）占全国总生物承载力的 4% 以上）有山东、河南、四川、河北、黑龙江、云南、内蒙古和新疆，合计占全国生物承载力总量的 48%；总生物承载力居中的省（区、市）（该省（区、市）占全国总生物承载力的 2% ～ 4%）有广东、江苏、浙江、湖南、湖北、安徽、辽宁、广西、福建、江西、陕西、吉林和西藏，合计占全国生物承载力总量的 42%；总生物承载力较小的省（区、市）（该省（区、市）占全国总生物承载力的 2% 以下）有上海、北京、重庆、贵州、山西、甘肃、天津、海南、宁夏和青海，合计占全国生物承载力总量的 10%。碳足迹已经是中国各省（区、市）最大的生态足迹组分。2008 年，31 个省（区、市）中，有 29 个省（区、市）的碳足迹占其生态足迹的比重超过 50%（图 1-5）。其中，上海、北京、天津与山东四地的碳足迹比重超过 65%。1985 ～ 2008 年，中国各省（区、市）的人均碳足迹增长幅度为 0.4 ～ 2.0 全球公顷，而生物质足迹的变化幅度不超过 0.25 全球公顷（西藏计算起点为 1990 年）。由此可见，在未来的一定时期内，中国及其各省（区、市）生态足迹的增长仍将主要取决于碳足迹的增长幅度。

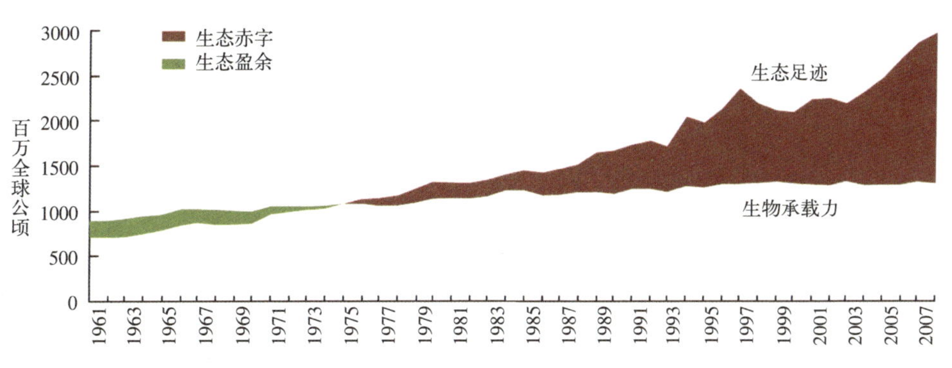

图 1-5
中国生态占用与生物承载力比值
（引自：全球足迹观测站，2010）

各省份的人均生态足迹差异也非常显著（图 1-6）。2008 年，北京人均生态足迹最大，云南人均生态足迹最小，前者是后者的 2.7 倍。1985 ~ 2008 年，虽然中国各省（区、市）的生态足迹及其变化幅度不一，但它们对生态服务的总需求都是增长的。31 个省（区、市）中，有 11 个省（区、市）的人均生态足迹倍增或倍增有余，有 10 个省（区、市）的人均生态足迹增长了 85% ~ 95%，另外的 10 个省（区、市）的人均生态足迹增长了 40% ~ 84%。同期，人均生态足迹增幅居前五位的省（区、市）是上海、北京、天津、广东与重庆。一个可喜的趋势是，与 2000 ~ 2005 年相比，2005 ~ 2008 年中国大多数省（区、市）人均生态足迹的增长速度逐年下降，代表省（区、市）如北京。北京人均生态足迹增幅的下降主要是城镇化水平相对稳定以及节能措施成效显现的结果，也与经济活动向服务业而非物质生产转型具有密切的联系。但在一些省（区、市）（如山东），由于正处于城镇化进程当中，人均生态足迹年均增长幅度依然呈上升趋势。

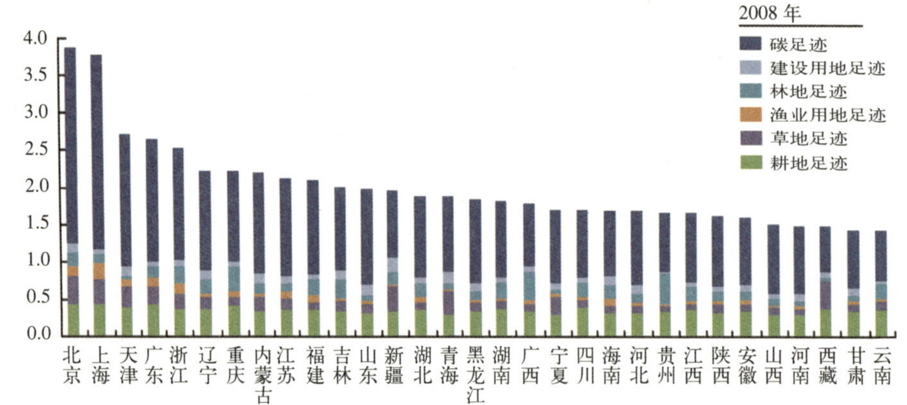

图 1-6 中国各省（区、市）2008 年人均生态占用
（数据来源：中科院地理科学与资源研究所，2010 年）
（引自：全球足迹观测站，2010）

1.1.2 资源竞争全球化背景

资源战略储备在早期的发达国家已有。1923 年，时任美国总统哈丁为建立阿拉斯加国家油储而颁布总统行政命令，矿产资源战略储备基地正源于此。第二次世界大战前夕的 1939 年，美国通过战略物资储备法案，大多数国家固体矿产的矿产品战略储备起源于此。第一次世界石油危机后不久的 1974 年，为对付欧佩克而成立国际能源机构，当前世界上绝大多数国家的战略石油储备就源于此。1975 年，美国国会通过了《能源政策和储备法》（简称 EPCA），授权能源部建设和管理战略石油储备系统，并明确了战略石油储备的目标、管理和运作机制。德国于 1978 年颁布《石油及石油制品储备法》，建立国家石油储备联盟作为联邦的直接储油组织，承担国际能源署规定的储备义务。

专栏 1-1：宙斯盾失明：中国严控稀土加剧美国军费窘境

美国众议院武装力量委员会主席、民主党议员埃克·斯凯尔顿 2010 年 4 月 14 日称，将于近期主持听证会，专门研究国防工业严重依赖中国稀土产品的问题。这一要求立即得到多位共和党议员的支持。那么，稀土究竟具备什么样的军事价值？美国真的缺乏稀土资源吗？美国《商业周刊》网站 2010 年 4 月 15 日报道，这场涉及稀土的"政治风暴"来源于 2010 年 4 月 14 日国会政府问责办公室公布的研究报告。这份由共和党众议员麦克·考夫曼要求撰写的题为《国防供应链中的稀土材料》的报告，其主旨就是攻击中国企图利用资源优势，来控制全球稀土市场的供应和价格。报告称目前美军的武器装备严重依赖来自中国的稀土产品，这种态势已对美国的军备建设造成不利影响。如报告称，目前中国正在采取国内生产配额制度，降低了出口配额，并提升了出口税率，这将引起全球市场稀土的价格上涨，同时"影响美国对稀土金属材料的获取"。该报告还说，稀土金属在美国武器装备生产上具有"无可替代"的作用，目前美国由于镧、铈、铕、钆等稀土金属的缺乏，已拖延了某些武器系统的生产周期，而未来美国包括钕、镝、铽在内的稀土金属供应，将完全受制于中国。美国政坛对稀土问题如此关注，是由于稀土在军事上的应用极为广泛。可以说，没有稀土，就无法制造各种高科技武器装备。举例来说，"爱国者"导弹之所以能精准拦截来袭导弹，得益于其制导系统中使用了大约 4kg 的钐钴磁体和钕铁硼磁体，用于电子束聚焦；"猛禽"战斗机能够实现超音速巡航功能，依托的是使用特种稀土材料制造的强大发动机以及轻而坚固的机身；美国大力发展的侦察、监视和预警装备，也得益于稀土科技的造就。此外，抗电磁干扰、水雷探测、卫星通信等先进装备，更离不开稀土产品的应用。美国国会政府问责办公室的报告显示，美国武器系统中的大量稀有金属来源于中国。如"艾布拉姆斯"坦克导航系统中所用的钐钴磁铁中的钐就购自中国；DDG-51 驱逐舰所使用的混合电驱动系统用到了购自中国的钕磁铁；"宙斯盾"系统的 SPY-1 雷达也使用了由中国的金属钐所制成的钐钴磁铁。

（资料来源：http://news.ifeng.com/mil/4/detail_2010_04/21/536834_0.shtml）

"宙斯盾"系统的 SPY-1 雷达（左）与"爱国者"导弹的防空导弹（右）

当今，资源竞争走向全球化，愈演愈烈。目前，美国、日本、法国、德国、瑞典、瑞士、挪威、芬兰、英国、韩国等10个国家建立了较为完善的矿产等稀缺资源战略储备制度。2010年3月，美国国会众议员麦克·考夫曼提出议案，建议美国采取措施建立具有全球竞争力的国内战略性原材料工业，确保美国国内市场的自给自足，实现采矿、加工、冶炼和制造多元化；同时，议案还要求国防部开始购买对国家安全至关重要的稀土矿产并将之纳入国家储备，特别是在法律生效后，国防储备中心应从中国直接购买供未来五年使用的稀土。不可忽视的问题是，美国依然还要面对稀土资源储量不足且获取渠道不畅的挑战。数据显示，目前中国的稀土资源为全球最丰富，储量约为8900万t，而美国仅蕴藏1400万t稀土；2010年5月，日本向南美洲的玻利维亚提供数亿美元的贷款，帮助该国建立一座功率为100MW的地热发电站。日本政府提供大规模经济援助的原因在于，这可以帮助该国在与法国、巴西等国的竞争中脱颖而出，获得从玻利维亚进口锂矿的合同。而根据目前探明的储量数据，玻利维亚的乌尤尼大湖蕴藏的锂矿规模几乎占据全球的50%。日本还打算将“日元换稀土”的策略用到非洲和亚洲国家所富有的稀土资源；2010年年初，欧盟宣布建立稀土战略储备。根据欧盟委员会2008年11月出台的“原材料整合战略”，欧盟将在全球市场上寻求建立更好、更不易遭受破坏

专栏1-2：世界铁矿石三巨头

巴西CVRD集团是世界第一大矿石生产和出口公司，成立于1942年6月1日，是世界第二大锰和铁合金生产商，占有11%的国际市场。被誉为巴西“皇冠上的宝石”和“亚马逊地区的引擎”。其铁矿资源集中在“铁四角”地区和巴西北部的巴拉州，拥有挺博佩贝铁矿、卡潘尼马铁矿、卡拉加斯铁矿等，保有铁矿储量约40亿t，其主要矿产可维持开采近400年。

必和必拓公司（BHP Billiton Ltd. - Broken Hill Proprietary Billiton Ltd.）是以经营石油和矿产为主的著名跨国公司，由两家巨型矿业公司于2001年6月合并而成，成为全球第二大矿业集团。必和必拓公司的矿山位于澳大利亚西部皮尔巴拉地区，分别是纽曼、扬迪和戈德沃斯三个矿区。这三个矿区的总探明储量约为29亿t，铁矿年产量总和超过7000万t。在亚里南部，还有未开发的C采区，保有储量45亿t。

力拓矿业集团(RioTinto)成立于1873年，在全球拥有60多家子公司。总部设在英国，澳洲总部在墨尔本。该公司控股的哈默斯利铁矿有限公司是澳大利亚第二大铁矿石生产公司，在西澳皮尔巴拉地区有五座生产矿山（即汤姆普赖斯铁矿、帕拉布杜铁矿、恰那铁矿、马兰杜铁矿和布诺克曼第二矿区），探明储量约为21亿t，公司铁矿年生产能力为5500万t。预计在建扬迪采矿工程完工后，该公司铁矿年生产能力将达到6500万t以上。

（资料来源：http://news.house365.com/gbk/hfestate/system/2008/06/23/001308880.shtml）

的原材料获取渠道，加大欧洲内部原材料的勘探、开采力度，同时欧盟也将提高原材料利用效率、缩短循环利用周期，以减少欧盟的原材料需求量。遗憾的是，全球金融危机的进一步爆发让上述原则政策的实施效果大打折扣。不过，欧洲目前在包括稀土资源储备在内的原材料及清洁能源的利用意识上，并不落后于其他任何经济体，并能够在稀土战略储备的布局阶段，与日本、美国等发达经济体处于相近的起跑线。

同时，大型能源集团代表着国家能源战略意志，有选择地实现经营地域的多元化，可提升国际化资源配置能力。如意大利、法国政府，均把本国的大型能源企业集团视为保障国家能源战略利益与安全的重要手段和工具，在国内为其发展壮大提供优厚的条件，支持和鼓励其参与跨国能源企业并购，以增强其控制资源、保障国家能源战略利益与安全的能力。例如巴西淡水河谷公司、英国力拓矿业公司、澳大利亚必和必拓公司掌控了世界铁矿石70%以上的供应量，代表着某一国家掌控着未来世界矿产资源分配。

1.1.3 城市生态占用全球化背景

城市不仅是世界经济发展的中心，也是未来更多人口的居住地。1900年至今，全球城市人口规模增长为初期的20倍，而同期乡村人口规模增长仅为初期的2.5倍，使得城市人口占总人口的比重由最初的10%提高至50%左右。城市已经成为对自然资源产品与服务需求比例最大的地域空间单元。研究表明，目前全球将近80%的化石燃料碳排放、75%的木材消费发生在城市区域[1]。高人口密度、高物质消耗、高能源消耗与高废弃物排放，是城市产生高生态压力的主要原因。一些城市甚至需要近百倍于自身的生物承载力来支持其社会经济运转。

全球范围内城市面临高生态压力与高生态赤字这一现实预示着，中国在城镇化发展过程中，会产生或面临同样的生态压力和生态风险（图1-7）。不过，城市在降低生态压力方面也可能会有一定的贡献。例如，伦敦是英国城市化率高达90%以上的城市（农村人口所占比重小于10%），但其人均生态足迹较英国平均水平低1.5%[2]。东京、首尔、巴黎、伦敦等大城市的城市设计在降低碳排放方面均值得称赞。在生态足迹方面，中国的城市目前情况尚好。但是，中国城市在发挥集聚效应、提高社会生产力的同时，也产生了交通拥挤、环境污染、生态赤字等一系列问题。一些城镇的生态环境出现了缓慢衰退的征兆。

[1] O’MearaM. Reinventing cities for people and the planet. Worldwatch Institute Paper, 1999.
[2] Calcott A. and Bull J. Ecological footprint of British Citg resident, 2007.

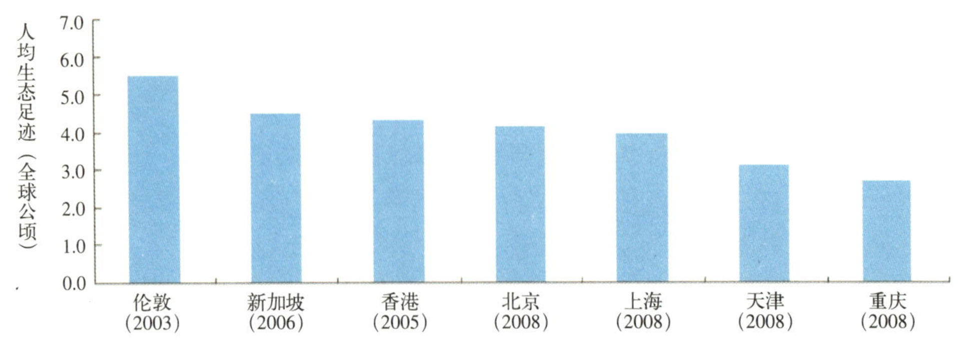

图 1-7　世界城市生态足迹比较

（注：北京、天津、上海与重庆的数据为城镇人口的人均生态足迹。资料来源：北京、上海、天津与重庆由IGSNRR 核算，新加坡数据引自《生态足迹地图(2009)》(GFN，2009)，香港数据引自《香港生态足迹报告(2008)》(WWF&GFN,2008)，伦敦数据引自《生态足迹与英国居民》，Alan Calcott and Jamie Bull（2007））

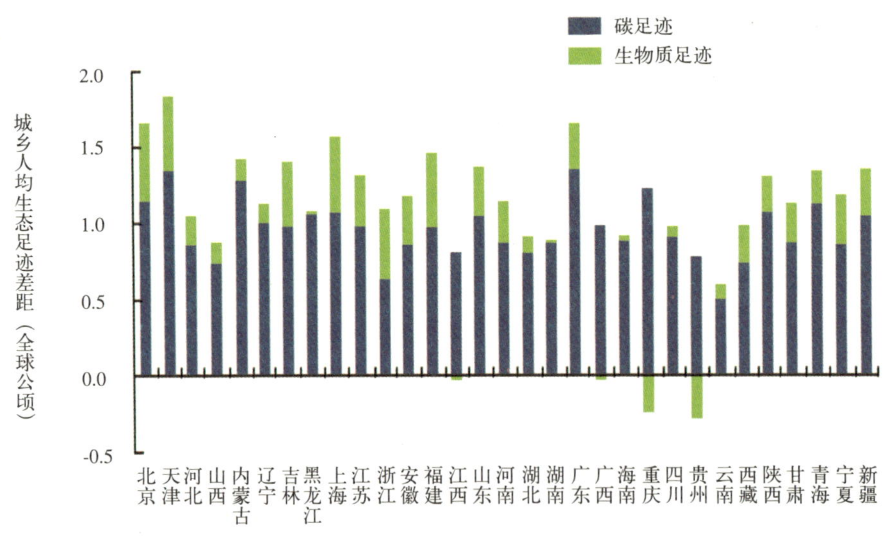

图 1-8 中国 2008 年各省市生态足迹比较
（资料来源：中科院地理科学与资源研究所，2010）

中国城乡之间的人均生态足迹差异非常显著，并具有快速拉大的特征（图 1-8）。目前，各省份城乡人均生态足迹之差为 0.9 ~ 1.8 全球公顷，城镇居民人均生态足迹约为乡村居民的 1.4 ~ 2.5 倍并具有快速拉大的特征，其中碳足迹的贡献率平均为 74%，这主要是城乡居民收入差距、消费差距和能源利用结构差异共同作用的结果。伴随城镇化发生的居住模式与生活模式的改变，中国面临生态足迹快速增长的挑战与风险可能会增大。

中国正处于城镇扩散和辐射能力最强的快速发展阶段，城乡之间的人均生态足迹差异非常明显，城镇居民的人均生态足迹比乡村居民的人均生态足迹要多 0.9 ~ 1.8 全球公顷，为其 1.4 ~ 2.5 倍并具有快速拉大的特征。其主要是城乡居民收入差距、消费差距和能源利用结构差异共同作用的结果。研究表明，人均生态足迹与城镇化水平呈正相关关系，城镇化快速发展导致生态足迹增长，但只要措施得当也有可能实现脱钩发展。城镇化进程将是未来中国生态足迹特别是碳足迹增长的重要影响因素之一。自 1996 年以来，中国的城镇化水平每年以 1% ~ 1.5% 的速度增长。城镇化水平的提高将是未来中国生态足迹特别是碳足迹增长的重要驱动力之一。挑战也是机会，坚持低碳化与生态化的城镇化发展方向，塑造协调的城乡关系、设计合理的城镇模式与推行自然友好的消费行为，也可以使生态足迹增长的速度低于城镇化发展的速度，伦敦的经验已昭示，待一个城镇发展成熟以后，经济生态化的发展还可以进一步降低生态足迹和碳足迹（引自：中国生态足迹报告，2010）。

◎ 1.2 城市生态竞争的探讨

城市生态版图空间结构的研究是对城市生态承载力支撑土地空间结构的研究，即城市生态版图的空间结构研究，其中涉及城市生态承载力、空间经济学、生态足迹、生态位等理论。由于本文研究的核心是城市生态版图空间结构问题，因此主要介绍关于城市发展所消费生态资源来源的空间结构相关研究进展，而城市生态承载力、空间经济学、生态足迹、生态位等理论作为本研究的背景理论在后一部分进行介绍。城市生态资源支撑体系空间结构的研究从生态承载力理论在城市中的应用、生态资源区域间流动两方面来进行介绍。

1.2.1 生态承载力理论在城市中的应用研究

利用生态承载力理论来研究城市，并指导城市规划与管理，主要是使用了生态足迹法。Folk 等（1997）以欧洲波罗的海流域 29 个大城市为案例，计算出占波罗的海流域面积 0.1% 的这些城市，其生态足迹至少需要整个波罗的海流域 75% ~ 150% 的生态系统，是这些城市面积的 565 ~ 1130 倍。生态足迹的概念 1996 年引入国内，杨开忠等介绍了生态足迹分析理论与方法（杨开忠等，2000），张志强等介绍了生态足迹的概念和计算模型（张志强等，2001），生态足迹指标的有关应用研究也同时展开。张志强等人率先对重庆市的生态足迹进行了研究（张志强等，2001），之后，北京、上海、广州、深圳、重庆、大连、沈阳、青岛、哈尔滨、澳门等城市生态脆弱区先后得到实证研究（苏绮等，2001；王书华等，2003；李金平等，2003；郭秀锐等，2003；罗贞礼等，2004；周嘉等，2004；智瑞芝等，2005；蒋依依，2005；郭林，2005；罗汉红，2006；

严欢欢，2006；赵杰，2007）[1][2][3]，研究结果揭示了城市生态资源消费与生态资源供给之间的关系，并指出可能对生态环境的负面作用。同时，在指标方面，徐中民等（2001）提出生态效率指标，即以万元 GDP 所占用的生态足迹来评价区域发展过程中的资源利用效益，严欢欢（2006）把这个概念应用于沈阳生态足迹的研究中[4]。

但总结起来，这些研究都把城市行政边界假设为城市生态承载力支撑土地的空间边界，并在此基础上分析城市生态承载力的空间用地构成，但这些研究没有涉及城市生态承载力支撑土地的空间结构问题，虽然很多研究已表明城市的很多资源来自城市行政版图外部。

1.2.2 生态资源区域间流动的空间格局研究

可以从生物资源、能源两方面来介绍生态资源区域间流动的空间格局研究进展。在生物资源区域流动的空间格局研究层次，有丰富的相关研究。

黄爱军等（1995）研究提出了全国“粮食增长中心逐渐北上”和“南粮北调，北粮南运”的现象。郭庆海等（1997）[5]研究指出全国“南米北上，北饲南下”的生产局面，指出了我国粮食生产在区域分布上存在的问题。

陈丽萍、杨忠直（2005）[6]利用生态足迹法对 1991 ～ 2003 年中国进出口贸易中的输入输出作出定量分析，结果表明 1995 年以前，我国在初级产品和能源产品贸易中生态足迹赤字；从 1996 年开始，生态足迹由赤字转变为盈余，扩大了中国的“经济版图”。于格（2005）[7]以小麦为例，研究了我国农产品流动的生态空间跨区占用情况，山东和河北等省区生态盈余为正且数值较大，表明这些省区是我国小麦主产区和主要输出省区；而辽宁、吉林、黑龙江、湖北、湖南、广东、广西、福建和江西等省区市出现小麦生态赤字，这些省区则是我国小麦主要输入地。由于存在生态空间占用的不平衡，从而导致小麦产品的区际流动和跨区生态占用问题。

殷培红等（2007）[8]利用 2000 ～ 2003 年县级统计数据，对中国缺粮地区的空间格局和区域差异进行研究，研究表明中国常年缺粮区主要分布在胡焕庸线

[1] 赵杰．青岛市生态足迹的计算与动态分析 [D]. 青岛：青岛大学 [硕士学位论文]，2007.
[2] 郭林．哈尔滨生态足迹初探 [D]. 哈尔滨：东北林业大学 [硕士学位论文]，2005.
[3] 罗汉红．澳门 1977 ～ 2004 年生态足迹研究 [D]. 广州：华南农业大学 [硕士学位论文]，2006.
[4] 严欢欢．沈阳市生态足迹与生态效率研究 [D]. 沈阳：东北大学 [硕士学位论文]，2006.
[5] 郭庆海．我国粮食产销格局现状评价与前瞻 [J]. 农业经济问题，1997（11）：18-22.
[6] 陈丽萍，杨忠直．中国进出口贸易中的生态足迹 [J]. 世界经济研究，2005（5）：8-11.
[7] 于格，谢高地，鲁春霞等．我国农产品流动的生态空间跨区占用研究——以小麦为例 [J]. 中国生态农业学报，2005，13（3）：14-17.
[8] 殷培红，方修琦，马玉玲等 .21 世纪初中国粮食短缺地区的空间格局各区域差异 [J]. 地理科学，2007，27（4）：463-472.

以西地区，潜在缺粮区主要分布在此线以东地区。长江以南地区的常年缺粮总量最多，粮食安全受环境变化影响大，粮食、耕地、经济、环境矛盾突出。

在能源在全国范围内的空间结构方面，相对于生物资源来讲，有比较多的研究成果与结论。

李英佳（1994）[1] 基于我国能源资源的地质分布特征，对我国能源利用的地域结构进行了总体规划；李俊（1994）[2] 分析了中国区域能源供求及其影响因素。

樊杰（1997）[3] 以我国西北地区为例研究了能源资源开发与区域经济发展的协调关系及实现途径。

张明等（2001）[4] 提出应当积极配合“西气东输”，加快优化江苏能源结构，促进供需相长、结构优化和动态平衡。谷树忠（2002）[5] 指出能源资源的地区间合理配置是保障国家能源安全的基础，并在综合考虑资源条件、交通运输条件以及生态条件等因素的前提下，对我国能源安全进行了功能区域划分，并提出了相应的对策建议。

贾若祥（2003）[6] 在分析我国电力资源结构的基础上探讨了其空间布局的优化战略，提出我国电力资源在结构和空间布局上还面临一系列问题：如电源结构不合理、水电发展滞后、水能资源空间分布和开发力度不匹配以及电网互联进展缓慢等，特别是水电资源丰富的优势还没有充分发挥出来，电力资源结构和空间布局亟待调整优化。

张荣忠（2004）[7] 立足于对世界能源运输线咽喉要道的分析，探讨了中国进口能源的运输风险与应对措施；赵媛等（2004）[8] 在论述油气资源空间结构与社会经济空间结构耦合关系的基础上，提出了世界油气工业的协同发展、通道发展和点轴发展三大能源—经济协调模式。

赵媛、郝丽莎（2006）[9] 以1999年分省能源平衡表及石油资源贸易与转运资料为基础，首先将全国26个石油流动省区市划分为基本自给型、半自给型、净支出型和净补给型四种石油资源流动平衡类型及输流中心、汇流中心和交流中心三大流动职能类型，分析得出中国石油资源流动在地理空间上表现为集中输流和分散汇流的特征。

---

[1] 李英佳．谈我国能源结构的总体规划 [J]. 财经理论与实践，1994（5）：38-39.

[2] 李俊．中国区域能源供求及其因素分析 [J]. 资源科学，1994（2）：34-40.

[3] 樊杰．能源资源开发与区域经济发展协调研究——以我国西北地区为例 [J]. 自然资源学报，1997，12（4）：349-356.

[4] 张明，钟史明．迎接“西气东输”，加快优化江苏能源结构 [J]. 能源研究与利用，2001（5）：1-13.

[5] 谷树忠，耿海青，姚予龙．国家能源、矿产资源安全的功能区划与西部地区定位 [J]. 地理科学进展，2002，21（5）：410-419.

[6] 贾若祥，刘毅．中国电力资源结构及空间布局优化研究 [J]. 资源科学，2003，25（4）：14-19.

[7] 张荣忠．世界能源运输线的咽喉要道——中国进口能源的运输风险与应对 [J]. 港口经济，2004（5）：15-17.

[8] 赵媛，郝丽莎．世界油气工业空间结构模式初探 [J]. 经济地理，2004（4）：177-181.

[9] 赵媛，郝丽莎.20 世纪末期中国石油资源空间流动格局与流场特征 [J]. 地理研究，2006，25（3）：753-764.

成升魁（2008）[1]总结“一五”至“十五”中国省际煤炭流动演变的特征是省际煤炭资源流动规模逐年增大。省际煤炭调出总量年均增长5.9%，煤炭调入总量年均增长5.6%。流动范围逐年扩展。无流地由1957年的10个省区市缩小至近年的1个。煤炭区域流动演变的主要驱动力有：①产消不平衡是煤炭资源区域流动的基本动力。晋陕蒙、西部煤炭产消盈余，华东、中南、东北煤炭产消亏缺。决定了北煤南运、西煤东运的煤炭流动格局。②运煤通道的改善促进了煤炭的区域流动。2005年交通密度指数在20以上的省区，煤炭外运条件较好。交通密度指数在20以下的省区都不同程度地存在煤炭外运困难。而且，统筹交通设施布局与煤炭生产布局可极大地推动区域煤炭流动。③煤炭区域价格差异是煤炭流动的信号，对资源流动的方向和数量产生一定的影响。

◎ 1.3 生态竞争中的城市问题

1.3.1 生态资源空间配置失调，导致生态环境发展两极分化

发达城市生态资源利用效率高，而落后城市生态资源利用效率低，现实中生态资源从落后城市流向发达城市，市场配置体现了其对资源利用的高效性，但生态资源的必需性与生态资源的可超度性要求生态资源分配要具有均匀性。生态资源市场配置的高效性与生态资源分配的均匀性相互矛盾，结果是生态资源市场配置下的利用高效性，而生态资源分配均匀性下的非生态性，也就是生态赤字全球化背景下生态资源市场配置有效性的非生态性。

中国东西部城市环境发展的二元分化就是一个方面。空间经济学理论认为生态资源市场配置服从经济规律与具有高效性，而现实中，由于经济的发展使生态资源的空间转移从而导致的局部生态问题比比皆是。生态占用由可流动性（生物与能源）与非可流动性（建设用地），即生态承载力由流动性生态支撑体系与非流动性生态支撑体系构成。流动性生态占用进入市场并形成商品，完全遵从空间经济学规律；而非流动性生态占用在现实中也形成商品，但其非可流动性决定其在空间属性上的缺失，从而不完全遵从空间经济学规律。而经济学追求的是经济有效性，即利益的最大化，这必将导致生态系统的局部问题。

若城市存在生态偏好追求，以及经济实力允许的条件下，城市就会把本是以生产为目的的优良农用地做成以追求景观与生态效果为目的的景观用地，形成美丽的后花园，即“后花园效应”。以义乌为例，在其城市周围存在大量荒废三四年的农用田（图1-9）。现在的义乌还没有表现出生态环境好转的迹象，那是因为城市的生态偏好追求与经济实力还没有达到相应程度，特别是生态偏

[1] 成升魁，徐增让，沈镭．中国省际煤炭资源流动的时空演变及驱动力[J]．地理学报，2008，63（6）：603-612.

图 1-9
义乌城市周边被大量荒废的优质耕地
（注：2009 年 2 月 19 日拍于义乌城市郊区，用于反映义乌城市生态版图生物用地大量占用到城市行政区外，但城市本身的耕地却被大量荒废）

图 1-10
南充城市周边存在的过度开垦利用现象
（注：2009 年 8 月 17、18 日拍于南充市郊区，反映南充市生物用地大于城市生态版图生物用地，即生物资源产量大于消费，但城市却存在高坡度开垦耕地的土地利用现状）

好这种高境界的生态追求，是需要城市人文精神、历史等软条件同步发展达到相应的水平才具有的。所以可以判断，当义乌经济与文化发展到一定程度，其会出现“后花园效应”。而南充则相反，出现过度使用或胁迫土地生态系统的现状（图 1-10）。若以义乌代表东部发达地区，而以南充代表西部相对落后地区，那么东部地区的土地胁迫远远小于西部地区，东部发达地区可能实现其环境好转的库兹涅茨曲线的拐点，而西部相对落后地区不可能实现其环境好转。落后城市生态资源流向发达城市，发达城市自身的生态系统得到有效的保护，从而其环境日趋优美，也就是走向环境库兹涅茨拐点[1][2]；而落后城市由于生态占用，

[1] 苏美蓉，杨志峰，胡廷兰 . 城市生态危机的经济学根源分析 [J]. 环境科学与技术，2007，30（3）：45-48.
[2] 于峰 . 环境库兹涅茨曲线研究回顾与评析 [J]. 经济问题探索，2006（8）：4-12.

外部性竞争力弱，成为生态资源出口城市，生态环境日益恶化，不能走向环境库兹涅茨拐点，最后的结果是出现城市生态质量发展的二元分化[1]。

城市作为最大生态资源的消费体，其生态占用的外部性无疑是影响生态资源市场配置的核心因素，所以城市生态占用外部性的研究，即从城市生态版图来研究城市对生态环境的影响，对解决城市或区域间的生态问题将会有新的发现与解决途径。不可否认的是，发达城市生态利用效率极高，落后区域的生态利用效率低，从市场配置分析角度来讲，生态资源都应进入发达城市。但这种后果导致的是生态空间局部失调，从而使生态空间局部生态破坏。这就是生态资源配置的市场高效性，却也是生态资源空间分配的非生态性。城市间存在生态足迹外部性，通过对城市生态足迹外部性经济机制进行分析，得出生态资源市场配置有效性，但在不强调引导与控制的条件下，却造成生态资源配置有效性的非生态性（即生态足迹过度外部性，或生态足迹外部性过剩），其表现特征之一就是城市间发展持续性的二元分化。

在时间尺度上，加大生态足迹时间序列的研究，揭示区域生态足迹变化特征之于区域发展演化的内在互动机制及其与区域可持续发展的对应耦合关系。在空间尺度上，加大对不同经济发展水平的中国东、中、西部地区，大、中、小城市，城市与乡村等的生态足迹实证比较研究，分析生态足迹的结构层次性、效率差异性、时间动态性、空间叠加性及其空间扩散性等，揭示区域发展与区际、洲际乃至全球的关系，探讨区域生态足迹外溢与转移的空间分割尺度与程度，建立区域发展的生态伦理公平下的生态足迹"标值"，更好地揭示区域发展与区际乃至全球可持续发展的内在关系。

"后花园效应"就是生态环境发展两极分化一个典型的例子。后花园效应是指发达城市由于具有比较高的第二、三产业，城市的发展更多地依赖资金与技术，对土地的依赖性不高，同时有比较少的人选择农业劳动，从而导致在城市周边存在大量的荒废土地。而落后城市正好相反，它们的第一产业比重较高，城市的发展更多地依赖耕地，对土地的依赖性较高，同时因为资源与技术短边，有较多的人选择农业劳动，从而导致耕地紧张，土地被高度使用。因为发达城市周边有很多荒废土地，好像是城市的后花园，因此称这个现象为后花园效应。

对处于弱势地位的生态外泄型城市，面临生态赤字全球化全国化背景，自身无法从外部获得缺口部分的生态资源，其选择的主要途径就是胁迫自身的生态系统，即过度使用自身的生态资源。以南充为例，2000 年，南充的生态储备丰度是 －1.63，到 2007 年，下降到 －2.7，下降近 65%。总体来分析，从 2000 ～ 2007 年，义乌的生态储备丰度都处于极大负值，即城市生态质量不断下降，而且平均速度

[1] 胡聃，许开鹏，杨建新等 . 经济发展对环境质量的影响 [J]. 生态学报，2004，24（6）：1259-1266.

非常快，其中2000～2007年的速度相当。南充生态储备丰度处于负值，并快速下降，并不是由于城市本身生产的生态资源不多，也不是城市本身消费的生态资源过多，更多的原因是因为其生态资源的外泄，是在一外部力量下的被动选择。对处于强势地位的生态外泄型城市，面临生态赤字全球化全国化背景，自身有能力从外部获得缺口部分的生态资源，其选择的主要途径就是生态外侵，并产生“后花园效应”。2000年，义乌的生态占用外部性指数是0.32，到2007年，上升到0.56，增加近76%，生态外侵是其解决生态赤字的主要途径。选择生态外侵并不能判断城市生态环境的发展方向，需要再深入分析，才能判断城市生态环境发展的方向。在存在比较优势的条件下，义乌由于具有比较高级的产业与人力资源，如第三产业非常发达，劳力更多地愿意从事收入相对高的资本或技术型产业，不愿意从事收入相对低的土地依赖型的农业，造成其耕地的荒废。这时候，若城市存在生态偏好追求，以及经济实力允许的条件下，城市就会把本是以生产为目的的优良农用地做成以追求景观与生态效果为目的的景观用地，形成美丽的后花园，即本文提出的“后花园效应”。

出现后花园效应的城市本身并不会受到坏的影响，甚至受到好的影响，但却加重区域生态资源的紧张，加重生态外泄城市的生态负担，一个具体的影响就是东部在用耕地减少，而西部由于承担东部粮食供应而开垦不宜利用土地，从而加速西部水土流失、东西部生态二元分化、全国耕地与粮食紧张三个全国性生态问题。我国耕地的严峻形势可概括为：一多三少，即耕地总量多、人均耕地少、耕地后备资源少、优质耕地少。目前，我国人均耕地在世界上处于低水平，只有1.59亩，不到世界人均耕地的一半。全国已有666个县

专栏1-3：库兹涅茨与环境库兹涅茨曲线

库兹涅茨曲线是20世纪50年代诺贝尔奖获得者、经济学家库兹涅茨用来分析人均收入水平与分配公平程度之间关系的一种学说。研究表明，收入不均现象随着经济增长先升后降，呈现倒U形曲线关系。当一个国家经济发展水平较低的时候，环境污染的程度较轻，但是随着人均收入的增加，环境污染由低趋高，环境恶化程度随经济的增长而加剧；当经济发展达到一定水平后，也就是说，到达某个临界点或称“拐点”以后，随着人均收入的进一步增加，环境污染又由高趋低，其环境污染的程度逐渐减缓，环境质量逐渐得到改善。

（区）人均耕地低于联合国粮农组织确定的 0.8 亩警戒线；在我国耕地中，中低产耕地的比例高达 83.2%；我国未利用土地多分布在我国西部海拔较高、缺水、气候比较恶劣的地方，开发难度和成本较大。同时，随着城市化和工业化的发展，耕地不断被占用，我国耕地逐年减少。从 1949 ~ 1980 年，30 年净减少耕地 2200 万亩，而 1981 ~ 1995 年的 15 年中，净减少耕地超过 8100 万亩。其中，在“六五”期间，平均每年减少耕地 700 万亩，“七五”期间为 400 万亩，“八五”期间为 500 万亩。其中，1986 ~ 1995 年，全国非农建设占用耕地 2963 万亩，比韩国的耕地总量还多，平均每年占用近 300 万亩，而实际占用耕地数可能要比统计数多得多。1997 年和 1998 年分别减少 203 万亩、394 万亩；1999 年虽然通过开发、复垦和整理，全国增加了 607.6 万亩耕地，但除去建设用地和生态退耕后，全国耕地仍净减 654.9 万亩。2000 年全国减少耕地 2493 万亩，全年补充的耕地只有 463 万亩。另外，我国耕地还面临荒漠化的威胁。受荒漠化影响，我国干旱、半干旱地区的耕地中 40% 有不同程度的退化，土地沙漠化正以每年 315 万亩的速度发展。土地沙漠化是我们看得见的病症，而土壤质量下降却是隐藏的危机。全国有 30% 左右的耕地遭受不同程度的水土流失危害；全国还有 20% 的耕地受到工业三废和农药污染。总之，各种建设占用耕地以及水土流失、耕地沙化、盐碱化、土地污染等的广泛存在使我国有限的耕地数量不断减少，质量不断下降。在耕地数量不断减少、质量不断下降的大背景下，如果城市在发展过程中还不注意其后花园效应西部水土流失、东西部生态二元分化、全国耕地与粮食紧张三个全国性生态问题会随着中国城市化的加速而加速，城市发展的生态代价是会非常昂贵的。

基于上面的思考，如就中国来说，东部沿海地区发达城市由于通过市场获得大量的生态资源，其持续性不断提高，而西部落后城市在市场作用下，生态资源不断外输，进而出现其生态足迹大于其生态承载力，从而导致其持续性不断降低，最后出现东西部城市发展可持续性的两极分化。怎样解决城市生态足迹的各种外部性问题？也就是市场配置有效性与生态需要之间怎样协调发展？

1.3.2 环境与经济发展失衡，导致局部地域出现不可逆性生态危机

经济发展对生态环境的影响是环境资源与生态经济学的热点问题[1][2][3]。经济发展会导致资源损耗和环境破坏，一旦超过生物圈的承载能力，整个生态

[1] Mohan Munasinghe L.Is Environmental Degradation an Inevitable Consequence of Economic Growth：Tunneling through the Environmental Kuznets Curve[J].Ecological Economics，1999（29）：89-109.

[2] Vivek Suri，Duane Chapman.Economic Growth，Trade and Energy：Implications for the Environmental Kuznets Curve[J].Ecological Economics，1998（25）：195-208.

[3] Jordi Roca，Emilio Padilla，Mariona Farre，Vittorio Galletto.Economic Growth and Atmospheric Pollution in Spain：Discussing the Environmental Kuznets Curve Hypothesis[J].Ecological Economics，2001（39）：85-99.

系统将崩溃。收入水平的提高也变得没有意义，所以必须执行严格的环保政策，甚至不惜限制经济增长，以保证环境与经济的均衡[1][2][3]。Beckerman 等乐观派认为：随着收入增长，人们更倾向于服务性产品，而对依赖于资源和产生污染的产品需求减少，从而环境质量会得以改善[4]。1991 年，Grossman 和 Krueger 通过对 42 个国家面板数据的分析，发现环境污染与经济增长的长期关系呈倒 U 形[5]，并于 1993 年发表了他们的研究成果。Shafik、Bandyopadhyay、Panayotou 在 20 世纪 90 年代初也作了相同研究[6][7][8]。这种关系与 1955 年 Kuznets[9] 提出的收入不均与经济增长的关系类似，人们称之为"环境库兹涅茨曲线（Environmental Kuznets Curve，EKC）"。

其含义是：当一国经济发展水平较低时环境污染较轻，但其恶化程度随经济增长而加剧，当该国经济发展达到一定水平后，环境质量会逐渐改善。以城市为研究对象，这种规律同样适用，并成为当前很多城市"先污染，后治理"的借口或自我安慰良药，认为城市终必通过发展，走到拐点，实现环境质量的好转。但本书对此理论存在疑问，究其根源就是环境库兹涅茨曲线拐点出现的理论解释，本书认为环境压力转移是现在部分城市（国家）存在拐点的缘由，这才是根本的原因。如果城市或区域的发展模式是超负荷胁迫生态系统，同时不存在生态压力转移，就不可能出现所谓环境好转拐点。Rothman 曾推断，一个国家越发达，其消费者通过贸易转嫁其环境影响的能力越强，从消费的角度来看，一个国家或区域总环境影响（局部与全体同时存在）的环境库兹涅茨曲线并不存在，就是这方面的一个有力佐证[10]。通过生态版图理论，生态储备丰度是城市环境质量变化的指标，而在全国、全球生态赤字化的背景下，只能有少部分的城市通过生态外侵来提高自身的生态空间丰度指数，而绝大多数后发城市或地区不可能同时通过生态外侵来实现自身的环境库兹涅茨曲线拐点。

---

[1] Meadows D.H.，Meadows D.L.，Randers J.，et al.The Limits to Growth[M].London：Earth Island Limited，1972.

[2] Cleveland C.J.，Costanza R.，Hall C.A.S.，et al.Energy and the US Economy：a Biophysical Perspective[J].Science，1984（225）：890-897.

[3] Arrow K.，Bolin B.，Costanza R.Economic Growth，Carrying Capacity and the Environment[J].Science，1995（268）：520-521.

[4] Beckerman W.Economic Growth and the Environment：Whose Growth Whose Environment[J]. World Development，1992（20）：481-496.

[5] Grossman G.，Krueger A.Economic Growth and the Environment[J].Quarterly Journal of Economics，1995，110（2）：353-377.

[6] Shafik N.，S.Bandyopadhyay.Economic Growth and Environmental Quality：Time Series and Cross Country Evidence，Background Paper for the World Development Report the World Bank，Washington DC[Z]，1992.

[7] Panayotou T.Demystifying the Environmental Kuznets Curve：Turning a Black Box into a Policy Tool[J].Environment and Development Economics，1997（2）：465-484.

[8] Selden T.M.，Song D.Environmental Quality and Development：Is There a Kuznets Curve for Air Pollution Emissions[J]? Journal of Environmental Economics and Management，1994（27）：147-162.

[9] Kuznets S.Economic Growth and Income Equality[J].American Economic Review，1955，45（1）：1-28.

[10] Rothman D.S.Environmental Kuznets Curves ~ Real Progress or Passing the Buck—A Case for Consumption Based Approaches[J].Ecological Economics，1998（25）：177-194.

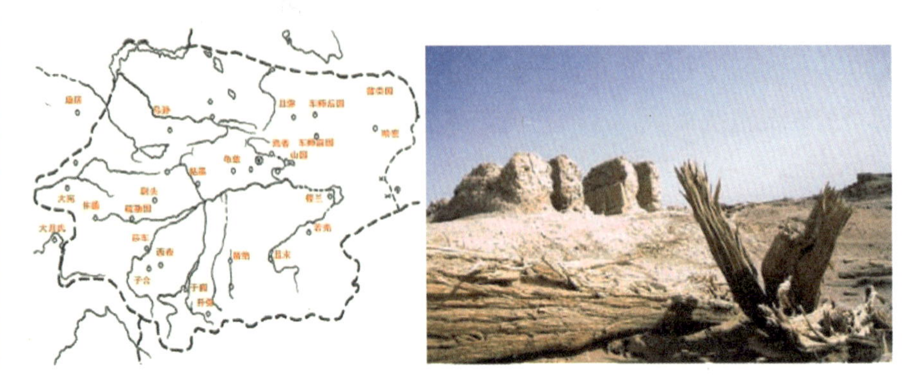

专栏 1-4：消失的楼兰古城

楼兰古城遗址位于若羌县东北部孔雀河下游三角洲南部，罗布泊西北岸，距库尔勒市 340 公里。处于西域的枢纽，在古代丝绸之路上占有极为重要的地位。我国内地的丝绸、茶叶，西域的马、葡萄、珠宝，最早都是通过楼兰进行交易的。许多商队经过这一绿洲时，都要在那里暂时休憩。楼兰王国从公元前 176 年以前建国，到公元 630 年消亡，共有 800 多年的历史。王国的范围东起古阳关附近，西至尼雅古城，南至阿尔金山，北到哈密。

楼兰古城形成于两汉，是汉代通西域南路必经之地，在东西文化交流上曾起过重要作用，后被沙漠埋没，有“沙漠中的庞贝”之称。楼兰古城遗址有 4 条干涸的河床，遗址坐落在第四条大河床的两条分叉之间。周围是高低不平的雅丹地形，城墙遗址混杂于风蚀台地中。城周方形：316 米，总面积 10.82 万平方米。城内以古水道为轴线分为两区，一为东北区，残存遗迹较少，主要有佛塔及其附近建筑；一为西南区，有三间房遗址及一些小院落。佛塔残高 10.4 米，塔身用土坯、糯米浆、柳条砌筑，是全城最高大的建筑物。城西南住房已塌，墙壁大多用两排红柳、中间夹泥，以苇绳扎固外面抹泥筑成，屋顶亦用类似材料修筑。城中自西北向东南穿越而过的古水道，是研究古楼兰城内水源的重要材料，城北约四五公里处有一座古塔，已风蚀。城周围还有一些佛寺、烽燧等遗址、遗迹和古墓。出土有汉五铢钱、贵霜王国的钱币、唐代钱币、汉文和怯卢文残简，丝毛织品残件，漆、木、玉、铜器、料珠、金银戒指、耳环及玻璃器皿碎片等文物。

楼兰古城曾经是人们生息繁衍的乐园。她身边有烟波浩渺的罗布泊，她门前环绕着清澈的河流，人们在碧波上泛舟捕鱼，在茂密的胡杨林里狩猎，人们在沐浴着大自然的恩赐，但辉煌的楼兰古城后来还是永远的从历史上无声地消逝了。是古城自己造成的？还是外部的力量？或两者兼有？现在说不清楚，但有一点可以肯定的是，生态环境的恶化是最根本的原因，而且这种生态环境的恶化并不尽是来自自身原因，更可能是全球影响下而造成。它的兴衰历史可以给城市发展以启示。

（资料来源：http://blog.sina.com.cn/s/blog_4bbb74a5010084te.html）

1.3.3 生态不平等交换与污染跨区域转移，加速局部地域环境损害

Karl Heinz Erb（2004）研究表明[1]，奥地利 1926 ~ 2000 年的 75 年时间中土地实际需求量超过了自身生物生产性土地面积，需要通过进口来维持需要。支持奥地利进口的主要是周边国家，早期主要是东欧国家，如匈牙利、捷克斯洛伐克、塞尔维亚等，最近十几年主要是欧盟 15 国（EU-15）。2000 年，奥地利国内生物生产性土地的需求量与进口商品所需的土地面积基本相当，表明奥地利社会经济系统的生存代谢高度依赖国际市场。然而国际市场中的国际商品贸易，可能导致自然资源的不平等交换[2][3]。Andersson & Lindroth(2001)[4] 认为，国家间贸易虽然在货币上可能是平衡对等的，然而由于贸易商品生产所需的生物生产性土地面积有差异，可能存在国家间的“生态不平等贸易”（ecologically unequal exchange），不同的国家会出现“不可持续的生态贸易”（unsustainable trade）现象，这种现象可能是贸易双方的一方或双方。例如，A、B 两个国家交换黄油与雪茄两种产品，如果黄油全球平均产量为 $50kg/hm^2$，而雪茄为 $5000kg/hm^2$，则 A 国出口 100t 黄油换取进口 B 国 10000t 雪茄，则 A、B 两国的贸易是生态平等的，如果 A 国出口 100t 黄油换取进口 B 国 20000t 雪茄，则 A、B 两国的贸易就是生态不平等的，A 国从贸易中获得了生态利益，其通过“进口”占用了 B 国的生态生产性土地面积（生态足迹），A 国扩大了“经济版图”。

Andersson 与 Lindroth（2001）指出，尤其是一些发达国家，利用自己的经济优势，不断从发展中国家进口商品，保持了自己国家的生态承载力，富裕了自己的生活，却恶化了发展中国家的生态环境，同时把全球生态环境恶化推卸为是发展中国家的粗放式发展所致。根据不同国家的生态足迹盈余、赤字以及净进出口生态承载力状况，其将全球国家分为六类：①生态盈余且大于其净出口生态承载力损失，这些国家的生态承载力会持续增加，如澳大利亚；②生态盈余且小于其净出口生态承载力损失，这些国家的生态承载力会持续减少，如阿根廷；③生态赤字且又是净出口生态承载力损失，这些国家的生态承载力会持续恶化，如孟加拉、埃塞俄比亚；④生态赤字且大于其净进口生态承载力受益，这些国家的生态承载力会持续减少，如荷兰、埃及；⑤生态赤字且小于其净进口生态承载力受益，这些国家的生态承载力会持续好转，如奥地利；

[1] Karl Heinz Erb.Actual Land Demand of Austria 1926 ~ 2000：a Variation on Ecological Footprint Assessments[J].Land Use Policy，2004（21）：247-259.

[2] Klaus Hubacek，Stefan Giljum.Applying Physical Input output Analysis to Estimate Land Appropriation（Ecological Footprints）of International Trade Activities[J].Ecological Economics，2003（44）：137-151.

[3] Wackernagel M., Gil jum S.Der Import von ?kologischer Kapazitat：Globaler Handel and die Akkumulation vonÊkologischen Schulden[J].Natur and Kultur，2001，2（1）：33-54.

[4] Andersson J.O., Lindroth M.Ecologically Unsustainable Trade[J].Ecological Economics，2001，37（1）：113-122.

专栏 1-5：跨国生态外侵加速红木的灭绝

2010 年 9 月刊美国《国家地理》杂志刊登了一篇特稿“马达加斯加的红木危机”，文章写道：世界第四大岛屿的马达加斯加，面积 590750km²，岛上森林面积 1470 万 hm²，约百分之九十的动植物在地球的其他地方难觅踪影，这座非洲世外桃源般的神奇岛屿，正面临着前所未有的危机：该国 4.6 亿 km² 的森林保护区竟然在短时间内有 1 亿多平方米的珍贵木材永远消失，被砍伐下的大多数紫檀木都销往中国。在这块风调雨顺的土地上，许多东西都唾手可得，但是没有一样东西在获取时人们会考虑马达加斯加当地居民的利益。人类对名贵木材、珍稀宝石乃至石油矿藏的向往，正在一步步吞噬着这片土地上独特的生态环境。

2009 年 3 月，马达加斯加发生政变。急需资金的新政府撤销了 2000 年颁布的红木出口禁令，此后的数月内，每天被非法采伐的花梨木价值高达 46 万美元。据当地一家非政府组织估计，自马达加斯加过渡权力机构总统拉乔利纳执政以来，已有 12000 ~ 20000hm² 的森林惨遭砍伐。2010 年 3 月，全球目击者组织和环境调查署发表了一封写给法国达贸海运公司的公开信，呼吁其停止从马达加斯加向海外运输红木，并要求其取消原定于近日向中国发货的计划。在舆论压力的作用下，马达加斯加政府于 2010 年 3 月颁布禁止砍伐和出口红木及其他珍贵木材的法令。马达加斯加红木的大多数买家来自中国，根据美国资助的某生态研究中心揭露，2009 年前 4 个月从马达加斯加走私出口销往中国的红木（俗称大叶紫檀）多达 11420t，估计商人从中获利高达 1 亿 2000 万美元，所有红木在马达加斯加当地海关的申报价值仅不到 42 万美元。受到马达加斯加禁令的影响，全球红木资源减少，中国的红木原料市场因此异常火热。这篇文章会让我们思考和面临如下的一些问题：中国，一个发展中大国的形象是什么样的？中国将对地球生态保护发挥什么样的作用？中国的生产方式和消费方式将给世界树立一个什么样的榜样？

（资料来源：http://blog.sina.com.cn/s/blog_6935f5910100mu6y.html）

⑥生态盈余且又是净进口生态承载力受益，这些国家的生态承载力会持续好，如挪威、瑞典、芬兰。通过计算国家间进出口贸易商品所携带的生态足迹，可以进一步分析国家间贸易发展战略对国家生态足迹的影响。这种影响包括：①国际贸易的配置效应（an allocative effect）；②国际贸易的收入效应（an income effect）；③国际贸易的富国幻想（a rich country illusion effect）；④国家贸易的交换比例畸变效应（a terms of trade distortion effect）等四个方面。

不发达国家为了发展经济，偿还国际债务，经常以牺牲环境为代价，大力发展经济。然而面临巨大国家债务的不发达国家，在从事以损害生态环境为代价的经济活动时，没有考虑出口商品所携带的生态价值，这种与生态价值不相称的国际市场价格（ecologically incorrect prices），蕴涵国家和地区间不平等的生态责任交换（ecologically unequal exchange），使得不发达国家的生态债务日益增加，环境日趋恶化。环境损害对区域的影响是通过对区域不同群体的影响而反映出来的。不同的土地利用方式会产生不同的产出水平与结果，同时引起不同的环境效应。Martinez Alier（1993）[1]提出“生态责任分配”（ecological distribution）概念来描述不同类型的环境影响。将环境影响分为三类：社会影响（social，指对区域人口的影响，往往贫穷与少数民族居民受影响大），空间影响（spatial，指生态影响的跨区域性，如发达国家与发展中国家的不平等贸易导致的生态责任转移等）与代际影响（temporal，当代影响，代际公平问题）。Mariano Torras（2003）[2]从全球生态责任公平的角度出发，运用Martinez Alier的“生态债务”（ecological debt）概念，探讨了发达国家应减免不发达国家债务问题的必要性与可能性。从生态足迹与国家外债两个角度，可把全球国家分为四类，即：生态赤字而无外债，生态赤字且有外债，生态盈余而无外债，生态盈余且有外债。其利用Living Planet Report资料，计算认为，1996年，全球可以进行交换的生态足迹总值为$37133 \times 10^8 hm^2$，按交换10%的生态足迹总额计，总交换货币价值可达1164×10^{12}美元。假如世界上生态赤字的国家从其他不发达国家“进口”约10%的生态足迹，则不发达国家通过这种生态足迹“出口”，可使负债累累的全球46个债务国中的41个变为债权国。

1.3.4 保护与发展失衡，城市生态风险不断增高

城市生态风险不断增高是指城市发展过程中出现生态问题的概率及不确定性增高的现象。2003年在北京等地肆虐的非典型性肺炎，2005年松花江污染事件以及在几个省流行的禽流感事件，2008年的南方冰雪灾害，都表明了一个事实：生态风险对每个城市都不是很遥远。城市化水平越高、城市规模越大，城市复合生态系统越大，不可测与不可控因素越多，生态风险越大。我国对城市生态风险重视还不够，很多事件有它的偶然性，但也有它的必然性。从西方社会发展的趋势来看，目前中国可能正处于泛城市化发展阶段，表现在城市容纳问题、不均衡发展和社会阶层分裂，以及城乡对比度的持续增高，所有这些都集中表现在安全风险问题上。造成生态风险的原因表现在以下几个方面：其一，城市人口高度密集，增加了风险分摊难度。其二，城市化建设过程中对环境的人为破坏及严重的不负责任，为风险发作埋下了种子。其三，社会发展失衡对城市本身构成巨大的威胁。这些仅仅是目前中国社会风险的次要部分，它的主要部分我认为应当是信任风险。任何一个社会制度得以维系都需要有不可

[1] Martinez A.J.Distributional Obstacles to International Environment Policy：the Failures at Rio and Prospects after Rio[J]. Environmental Values，1993（2）：97-124.

[2] Mariano Torras.An Ecological Footprint Approach to External Debt Relief[J].World Development，2003，31（12）：2161-2171.

专栏 1-6：从舟曲泥石流谈城市规划中城市选址

英国广播公司（BBC）日前发表文章，题为“舟曲县洪水泥石流灾害原因初探”，作者为德国工程事务所水利专家王维洛。文章摘编如下：2010 年 8 月 7 日 22 时许，中国甘肃省甘南藏族自治州舟曲县发生强降雨，午夜时间形成泥石流，从县城北面的罗家峪、三眼峪向南冲向县城。洪水和泥石流导致舟曲县半个县城的范围被夷为平地，剩余的房屋或是底层被淤泥淹没，或是发生倾斜，或是被严重损坏，损失惨重。有报道说，死亡和失踪人数超过 2000 余人。这次灾害的原因除了降雨和所在地区的地理条件外，主要还有：①白龙江流域的过度开发；②舟曲县城市规划建设中的错误。兰州大学崔瑞萍在其硕士论文“白龙江中游滑坡泥石流防治体系与效益的研究”中指出，“近 50 年来，人类生产活动增强，毁林开荒、陡坡耕种、不合理开矿、炸石、筑路、修建水工程以及各种开发建设等，造成山体破坏失稳，崩塌、滑坡和泥石流日趋频发，滑坡、泥石流所造成的危害和直接经济损失也日益扩展和增强。”必须指出的是，白龙江的梯级开发和白龙江的渠道化，是造成这次灾害的一个主要原因。越是经济发展落后地区，想通过大规模的开发改变状况的行为就更激烈。特别是地方政府的领导想通过开发措施来显示其功绩，往往只注重个人的眼前利益，而忽视百姓的长远利益。建设水电站壅高水位，容易引起河道两岸的山坡发生滑坡和泥沙流。建设水电站所开挖的土石方回填山沟，又为滑坡和泥沙流提供了充分的、松散的物质材料。

城市规划错误。舟曲县城位于白龙江两岸的狭长地带，这种城市规划布局完全照搬平原地区大城市沿河布置的形式，去找寻什么水景，提高土地价值。城市规划完全不顾白龙江是山区河流，舟曲县位于狭窄的山区峡谷的地理位置。人们看到，白龙江全部渠道化，用水泥将白龙江压缩在一个很窄的断面中，河流两侧密集地规划和建设了大型的多层建筑。山区河流洪水水位变幅大，洪水中常常夹带大量的石块，甚至是巨石。狭窄的渠化河道不能满足洪水的下泄，巨石很容易在狭窄的河道中形成自然坝，坝后形成堰塞湖。加上两岸大型的多层建筑的阻挡，坝后堰塞湖的水位才有可能升得很高，造成大灾难。白龙江河谷狭窄，居民点本应该分散布置。但是舟曲县城的两条发展轴，一条沿着白龙江发展，一条由南向北延伸。城市的建设破坏了北边地区山坡的稳定。这次泥石流正是在县城北面的罗家峪、三眼峪形成，沿着城市发展轴由北向南冲向白龙江。

江源地区是中国环境破坏最严重的地区，发生灾害的舟曲县位于中国广义范围的江源地区。白龙江是嘉陵江的支流，而嘉陵江又是长江的支流。江源地区是中国的水塔，也是中国生态环境破坏最严重的地区。舟曲县洪水泥石流灾害的原因是江源地区的过度开发和城市规划中的错误，但是其本质是江源地区生态环境破坏的必然结果。但愿此次灾害能为人们敲响一次警钟：江源地区的环境保护，关系到你我，关系到子孙后代。

（资料来源：http://www.xhut.cn/archives/1285）

或缺的两种关系：一是法律关系，二是伦理的信任关系。这两种关系不仅是市场经济存在的灵魂，而且也是社会经济发展最根本的动力和保障。风险并不可怕，可怕的是对风险缺少科学研究或不重视。在快速城镇化时期，我国城市对这方面潜在的危险重视程度明显不足，对城市规模、经济规模、产业规模发展的短期追求为各城市的首要目标，而对各种潜在的生态风险置之不理，或没有预测防范是令人担忧的。

1.3.5 丧失全球责任，城市迷失发展方向

在全球化背景下，城市发展依赖全球。经济全球化进程正在不断加剧，表现出一些主要特征，例如资本的跨国流动在空间、时间和规模上都是史无前例的，城市发展越来越纳入全球经济网络而不是地方经济网络，城市发展越来越受到外部资本的影响等[1]。当今，城市发展过程消费的绝大部分资源来自外部，而其生产的大部分产品也同样供应外部。因此，在传统思维中，总体上是外部环境影响内部环境，全球环境决定城市发展。

但实际上，城市发展正在决定全球发展，或者说地球生命掌握在城市发展手中，可以通过全球气候变化分析来进行理解。21世纪以来所进行的一些科学观测表明，大气中各种温室气体的浓度都在增加。1750年之前，大气中二氧化碳含量基本维持在280ppm。工业革命后，随着人类活动的加剧，特别是消耗的化石燃料（煤炭、石油等）的不断增长和森林植被的大量破坏，人为排放的二氧化碳等温室气体不断增长，大气中的二氧化碳含量逐渐上升，每年大约上升1.8ppm（约0.4%），到目前已上升到近360ppm。从测量结果来看，大气中二氧化碳的增加部分约等于人为排放量的一半。按照政府间气候变化小组（IPCC）的评估，在过去的一个世纪里，全球表面平均温度已经上升了0.3～0.6℃，全球海平面上升了10～25cm。许多学者的预测表明，到下世纪中叶，世界能源消费的格局若不发生根本性变化，大气中二氧化碳的浓度将达到560ppm，地球的平均温度将有较大幅度的增加。政府间气候变化小组1996年发表了新的评估报告，再次肯定了温室气体增加将导致全球气候的变化。依据各种计算机模型的预测，如果二氧化碳浓度从工业革命前的280ppm增加到560ppm，全球平均温度可能上升1.5～4℃。全球气候变化的原因是大气中二氧化碳浓度的增高，而城市发展与城市化对碳排放起了巨大作用。从碳排放源头看，城市是人口、建筑、交通、工业、物流的集中地，也是高耗能、高碳排放的集中地。据统计，全球大城市消耗的能源占全球的75%，温室气体排放量占世界的80%。根据美国资料，由建筑物排放的二氧化碳约占39%，交通工

[1] 唐子来，陈琳．经济全球化时代的城市营销策略：观察和思考[J]. 城市规划学刊，2006（6）：45-53.

专栏 1-7：国际大都市，不过是浮云？

不尊重城市化的既有规律，没有切实的论证，权力主导造城，一味求美求大求洋，要建“国际大都市”的狂想曲就会四处奏响，会带来无数弊端。近日《人民日报》发表了一篇题为“城市化不能大跃进”的文章，其中披露，中国城市国际形象调查推选结果显示，有 655 个城市正计划“走向世界”，200 多个地级市中有 183 个正在规划建设“国际大都市”，这绝不是一个笑话。随便翻翻最近各地关于未来五年规划的报道，可谓激昂声一片，动辄就是“国际大都市”，最低调的也豪言要建“特大城市”。如果实地走访一下，当会发现，这些目标似乎也不是说说而已，一些地方市政建设过程中，“国际化标准”几乎成为一句口头禅，圈地规划务必宏大，地标建筑互竞豪华。人们也很难知道，各地主政者在制订这些规划之前，是否曾经了解国际大都市的发展历程和经验？

城市化是我国经济社会发展的必然趋势和强劲动力，中国要实现现代化，城市化是必由之路。而改革开放 30 多年来，中国城市化进程之快、效果之彰也是众所周知的。数据显示，中国城镇化率已由 1978 年的 17.92% 发展到 2009 年的 46.59%，这意味着中国只用 30 年时间就赶上了西方 200 年的城市化历程。但也必须看到，中国的城市化存在着过分仰仗行政主导的现象，打造一个什么样的城市，准备吸纳多少城市人口，几乎完全由主政者所规划和决定。

中国式造城运动该降温了，中国也不需要那么多的国际大都市。城市化的路只有一步步去走，罔顾城市建设和经济社会发展的规律，以拍脑袋的方式决定城市与人的命运，只会消耗掉几十年来好不容易积累的社会财富，也会有负于民众的期待。

（资料来源 http://opinion.cn.yahoo.com/jdgz/dadushi/index.html）

具排放的二氧化碳约占 33%，工业排放的二氧化碳约占 28%。英国 80% 的化学燃料是由建筑和交通消耗的，城市是最大的二氧化碳排放者（普雷斯科特，2007）。从最终使用的角度看，碳排放的来源可分为产业、居民生活和交通三个主要的组成部分，很显然，这三个变量与城市化过程交织一体，而城市是其核心载体。同时，中国城市化与经济增长相辅相成，经济的快速增长也导致二氧化碳排放量的快速增长。改革开放 30 年来，我国经济总量已经从 1978 年的 3624 亿元上升到 2007 年的 249530 亿元，社会转型并进入工业化、城市化的快速发展阶段，能源消费和相应的二氧化碳排放总量也快速增加[1]。因此，城市发展对全球起巨大的影响作用，有正面作用，同时也有负面作用，但城市发展并没有正视城市应当承担的全球责任。例如追求大规模城市而引起的能源消费、生态问题并没有被城市管理重视。城市丧失责任感，迷失发展方向，城市发展的价值观受到质疑。

[1] 顾朝林，谭纵波，刘宛等．气候变化、碳排放与低碳城市规划研究进展 [J]. 城市规划学刊，2009（3）：38-45.

第 2 章

城市生态版图概念的提出

在生态资源竞争全球化背景下，城市发展在面临一系列新问题的同时，城市自身的发展也给外部带来一系列影响。传统的城市规划关注的是城市规划范围内的规划与控制，建设用地是其分析的核心，但城市发展依靠的不仅仅是城市本身，更需要依靠外部资源的供给，这些资源供应地可称为城市发展的"影子用地"。"影子用地"与城市自身的关系是怎样的？其空间形成机制与动态过程是怎样的？思考分析这些问题有利于理解城市发展自身与外部环境的关系，并形成有利于城市发展的持续性与和谐性构建的城市发展思想。本书提出的城市生态版图，是分析观察这些问题的一个新视角和新途径。

◎ 2.1　城市生态版图的概念

城市生态版图是指城市发展消费的各种生态系统服务在地球表层所形成的空间格局[1][2]。城市生态版图概念涉及城市发展消费、生态系统服务、地球表层、空间格局、生态版图等五个核心词，需要给予明确界定。

2.1.1　城市发展消费

城市发展消费是指城市发展所消费或占用的资源总和，包括可以移动的能源、食物、水、氧气、原材料等资源，也包括不可移动的用作生产生活的空间资源。城市发展消费的度量方法有多种，例如技术比较成熟的能量法、生态足迹法，根据其度量方法，城市发展消费的度量单位可以是能源、空间单位。与传统的城市发展消费所包含的内容概念不同，城市发展消费不仅包括可以移动、消减的物质性资源，还包括不可以移动、非消减的非物质性资源，如开放空间。

[1] 覃盟琳，吴承照 . 生态版图——城市生态承载力研究的新视野 [J]. 城市规划学刊，2011，2（194）：43-48.

[2] Qin Menglin, Zheng Wei, Bryce Bushman. Urban Ecological Territory Model:Discussion and Application. Advanced Materials Research, 250-253（2011），3902-3908.

2.1.2 生态系统服务

生态系统服务是指生态系统与生态过程所形成与维持的人类赖以生存的自然环境条件与效用，包括对人类生存及生活质量有贡献的生态系统产品和生态系统功能[1]。物质性生态系统服务功能、调节性生态系统服务功能、精神性生态系统服务功能，包括城市发展所消费的生物、能源、建设用地、水资源、氧气资源、景观、文化、娱乐等一系列物质性消费品与非物质性消费品。

2.1.3 地球表层

地球表层指地球二维土地表面空间，包括耕地、水域、山地等所有以地球表面土地表现的形式。地球表层的度量单位分为非归一化与归一化度量单位，非归一化单位如公顷（hm^2），归一化度量单位如全球公顷。根据量化方法及分析需要，本文使用归一化度量单位。

2.1.4 空间格局

空间格局是指在地球表面由不同性质的土地所形成的空间结构特征。空间格局具有空间构成、空间模式、空间大小等属性，而空间构成、空间模式、空间大小等属性可以通过构建相应的指标而被反映出来。

2.1.5 生态版图

生态版图是支撑某一个活动过程所需要的生态系统服务在地球表面土地所形成的空间格局。任何一种活动过程都会消耗生态系统服务或占用一定的空间，而任何生态系统服务的生产都需要一定的地球表面土地，所以任何一种过程都会有其生态版图，例如个人、家庭、城市、国家都具有其生态版图。

◎ 2.2 城市生态版图的空间特征

城市生态版图是城市发展的地球表面土地的空间反映，并由于城市发展固有的特点与规律，从而决定城市生态版图具有一定的空间特征，主要包括四个方面。

2.2.1 客观存在性

城市生态版图是城市发展消费的各种生态系统服务在地球表面土地所形成

[1] Daily G.C. Nature’s Services：Societal Dependence on Natural Ecosystems[M]. Washington：Island Press，1997.

的空间格局，生态系统服务需要地球表面一定的土地来生产，这种土地是客观存在，并可视化的物质；同时，城市生态版图也是一种空间格局，具有空间结构、空间大小属性。因此，城市生态版图具有客观存在性的空间特征，见图2-1。

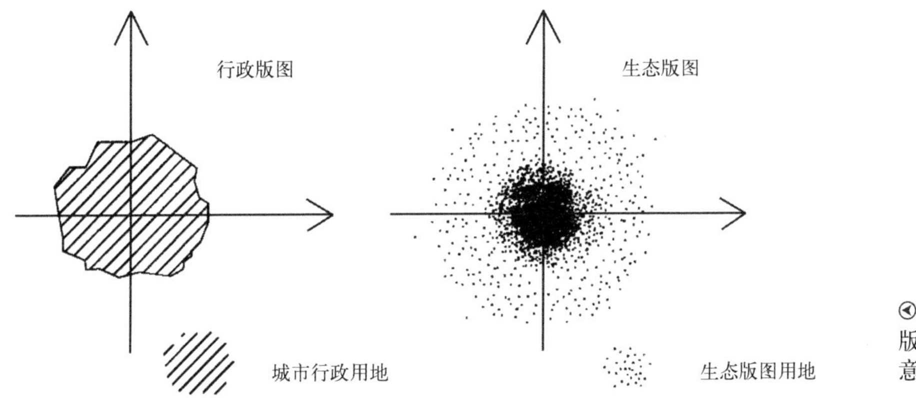

◎ 图2-1 生态版图与行政区示意图

2.2.2 空间动态性

城市在发展过程中，由于人口规模、产业结构、用地等条件的改变，其所需要的生态系统服务总处于不断变动之中，支撑这些生态系统服务的土地也因此而处于不断的变动之中。因此，空间动态性也是城市生态版图的空间特征。

2.2.3 空间规律性

城市生态版图是城市发展消费的各种生态系统服务在地球表面土地所形成的空间格局，而城市发展是具有一定的规律的，其所需要的生态系统服务的变化也具有一定的规律，从而决定城市生态版图具有一定规律性的空间特征。

2.2.4 多空间边界性

从图2-1可以看到城市生态版图是以城市行政区为中心紧密分布，向外逐渐分散分布的多板块性空间结构特征。城市行政区只有一条闭合的空间边界，而城市生态版图由若干封闭的空间边界组成。

◎ 2.3 城市生态版图与城市生态承载力的关系

城市生态版图与城市生态承载力的定义一脉相承，都是对城市发展消费与生态系统服务之间关系的研究，但存在联系点、相同点，也存在不同点。城市生态版图是城市生态承载力研究对象的具体化、空间化、技术化，城市生态承载力的定义为在不影响到生态系统结构与功能的条件下，城市生态系统能为外部提供与吸收最大的生态资源与排出污染物；而城市生态版图的定义为城市发展所消费的各种生态系统服务在地球表面土地所形成的空间格局。综合分析，城市生态版图空间用地与城市生态承载力空间用地有内在联系，主要表现为四个方面。

2.3.1 城市生态版图是城市生态承载力支撑土地的具体化

城市生态版图是城市发展消费的各种生态系统服务在地球表面土地所形成的空间格局，实质上就是城市生态承载力空间用地的具体化，研究城市生态版图空间结构，就是研究城市生态承载力支撑土地的空间结构，或者说城市生态版图空间结构研究是研究城市生态承载力的支撑土地的一种途径。

2.3.2 城市生态版图是城市生态承载力的空间化应用

城市生态版图认为城市的一切生态系统服务消费、废物排出都来自与回归地球表面土地空间，即生态系统是一个物质循环与能量流动的系统，人类在地球表面土地获得生态系统服务，就须把相同量的物质与能量还回去，系统才能实现平衡。这是以空间为单位度量城市发展所需要的生态系统服务，是对城市生态承载力的空间化应用。

2.3.3 城市生态版图是城市生态承载力的一种研究途径

城市生态版图认为地球表面土地是生态系统与城市发展供需对接的唯一平台，城市发展的需求与生态系统的供给是以地球表面土地为界面的，即人类的一切活动与消费都会占用到一定的地球表面土地。所以城市生态版图是对城市生态承载力的高度概括与具体化，是城市生态承载力的一种表达方式，但并不是全部，也就是说城市生态版图是分析与度量城市生态承载力的一个新途径、新视角，而不是对城市生态承载力理论的完善。

2.3.4 城市生态版图与城市生态承载力研究边界不同

城市生态承载力计算必须预先设定边界，市域行政边界或建成区边界，是对某一土地空间范围内生态承载力的计算；而城市生态版图的研究并不预先设定边界，或者说没有研究之前谁都不知道城市生态版图的边界在哪里，所以说城市生态版图是对城市动态发展的研究，而城市生态承载力是对静态城市生态系统本底的研究，其研究边界完全不同。

◎ 2.4 城市生态版图空间结构与城市空间结构的关系

在对城市生态版图空间结构的研究中，城市生态版图空间结构与城市空间结构的异同点必须得到回答。对城市空间结构的研究很多，其概念定义也比较成熟。在概念定义上，城市空间结构是从空间的角度来探索城市形态、城市相互作用网络在理性的组织原理下的表达方式，也就是在城市结构的基础上增加了空间维（spatial dimension）的描述（顾朝林，2000）[1]；城市空间结构是指城市各要素在一定空间范围内的分布与联结状态；在功能定义上，城市空间是城市社会、经济、文化与环境的复合载体，一个完整的城市空间分析系统应该涵盖城市空间的主要属性，包括城市功能空间（urban functional space）、城市生态空间（urban ecological space）、城市社会空间（urban social space）、城市心理空间（urban psychological space）(黄亚平,2002)[2]。从上面的定义可以看出，城市生态版图与城市空间都是城市的空间载体及其作用过程的一部分，这是它们的共同点，而它们的差异点主要包括以下三个方面。

2.4.1 空间尺度

城市生态版图在全球范围内分析其空间过程，而城市空间一般情况下是在其行政区内分析其空间过程，同时城市生态版图的空间会分布于全球范围内，而城市空间只会分布在其行政区内，因此，在分析角度与空间分布上，城市生态版图的空间尺度都要比城市空间大。

2.4.2 用地结构

城市空间重点分析的对象是承载城市生产生活的非生产性土地空间，也就是建设用地，而城市生态版图研究的是城市发展消费的各种生态系统服务在地球表面土地所形成的空间格局，不仅包括承载城市生产生活的非生产性土地空间，也包括生产生物产品与能源产品的生产性土地空间，所以城市生态版图的空间用地比城市空间多出生物用地与能源用地，从包含关系来看，城市生态版图包括城市空间。

[1] 顾朝林，甄峰，张京祥 . 集聚与扩散 [M]. 南京：东南大学出版社，2000.

[2] 黄亚平 . 城市空间理论与空间分析 [M]. 南京：东南大学出版社，2002.

2.4.3 空间功能

城市生态版图概念提出的一个重要视角就是用城市生态承载力来思考城市的发展，即思考城市生态系统供给之间的关系，那么城市生态版图实际上是城市发展所占用的生态资源，而传统对城市空间功能的研究更侧重其为城市提供的生活生产所需要的空间，或者说城市空间只是城市生态版图空间的一部分，所以城市生态版图与城市空间对空间功能的定位存在差异。

第3章

城市生态版图概念的理论基础

城市生态版图概念是基于多种背景而提出的，就提出的动机而言，是因为全球化背景下城市发展的内外部问题的关联性思考，就提出的理论背景而言，生态承载力理论、生态足迹技术理论、空间经济学理论、生态位理论与生态系统服务理论都是城市生态版图的理论和技术基础。生态承载力理论为城市生态版图奠定了城市生态版图概念中城市发展消费与资源供体之间供需平衡的理论基础，生态系统服务理论论证了城市生态版图中城市发展消费与资源供体之间相对应的关系理论，生态足迹技术理论为城市生态版图提供了量化技术，空间经济学理论、生态位理论为城市生态版图提供了生态效率、生态安全分析途径与方法。

◎ 3.1 生态承载力理论背景

3.1.1 生态承载力理论在城市和区域研究中的应用

生态承载力应用与定量化是相辅相成、同步进行的。应用主要有两个层次：单因素系统与复合系统。单因素系统主要包括土地资源生态承载力、水资源生态承载力、矿产资源生态承载力、森林资源生态承载力、草地资源生态承载力五个方面，复合系统主要包括区域、城市领域。

清华大学在“八五”攻关项目“华北地区水资源合理配置”研究中，采用投入产出分析方法将水资源纳入了宏观经济系统集成研究，并通过多目标分析技术对水资源进行合理配置，取得了重大研究成果。

中国科学院寒区旱区环境与工程研究所在“九五”攻关项目“西北地区水资源合理配置和生态环境建设”中也采用了投入产出方法，将水资源承载力的研究纳入可持续发展的系统分析框架中，采用情景基础的多目标分析框架研究了黑河流域水资源承载力。

1992年，王学军采用二级模糊综合评判方法，从自然、社会、经济三个层面就中国分省区的承载力潜力进行了评判。

1998年，高吉喜在《可持续发展理论探索：承载力理论、方法与应用》中探索性地论证并提出了承载力判定模式与综合评价方法。具体给出了承载力的基本判定指标与方法。并以承载力理论为指导，以GIS为手段，对黑河流域的承载力和可持续发展状况进行了研究。

2000年，牛文元等将区域承载力研究同实施可持续发展战略相结合，提出了中国可持续发展的战略目标为：实现人口规模的零增长，能源资源消耗速率的零增长，生态退化率的零增长。并通过构建一套包括5个支持系统（生存支持系统、发展支持系统、环境支持系统、社会支持系统和智力支持系统）、16个系统状态、47个变量指数、249个具体指标的指标体系，据此对全国30个省、市、自治区的可持续发展总体能力进行了综合评价。

2003年，徐琳瑜等在《城市生态系统承载力理论与评价方法》中定义了城市生态系统承载力，并在比较生物免疫力与城市生态系统承载力的相似性的基础上，构建了“城市生态系统承载力免疫学模型”作为其理论模型，并在理论模型基础上设计其计量模型。

2007年，王开运等采用空间状态法作为量度区域承载力的基本方法，并利用系统动力学模型对崇明岛承载力和承载状况的变化趋势进行了模拟和预测[1]。

利用生态承载力理论来研究城市，并指导城市规划与管理，主要是使用了生态足迹法。Folk等（1997）以欧洲波罗的海流域29个大城市为案例，计算得出占波罗的海流域面积0.1%的这些城市，其生态足迹至少需要整个波罗的海流域75%～150%的生态系统，是这些城市面积的565～1130倍。生态足迹的概念1996年引入国内，杨开忠等介绍了生态足迹的分析理论与方法（杨开忠等，2000），张志强等介绍了生态足迹的概念和计算模型（张志强等，2001），生态足迹指标的有关应用研究也同时展开。张志强等人率先对重庆市的生态足迹进行了研究（张志强等，2001），之后，北京、上海、广州、深圳、重庆、大连、沈阳、青岛、哈尔滨、澳门等城市生态脆弱区先后得到实证研究（苏绮等，2001；王书华等，2003；李金平等，2003；郭秀锐等，2003；罗贞礼等，2004；周嘉等，2004；智瑞芝等，2005；蒋依依，2005；郭林，2005；罗汉红，2006；严欢欢，2006，赵杰，2007）[2][3][4]，研究结果揭示了城市生态资源消费与生态资源供给之间的关系，并指出了可能对生态环境的负面作用。同时，在指标方面，徐中民等（2001）提出生态效率指标，即万元GDP所占用的生态足

[1] 王开运．生态承载力复合模型系统与应用[M]．北京：科学出版社，2007.

[2] 赵杰．青岛市生态足迹的计算与动态分析[D]．青岛：青岛大学[硕士学位论文]，2007.

[3] 郭林．哈尔滨生态足迹初探[D]．哈尔滨：东北林业大学[硕士学位论文]，2005.

[4] 罗汉红．澳门1977～2004年生态足迹研究[D]．广州：华南农业大学[硕士学位论文]，2006.

专栏 3-1：生态承载理论

生态承载力 (ecological carrying capacity) 是由承载力 (carrying capacity) 的概念发展演变而来的，其孕育的时间源远流长。Dhont(1988)、Cohen(1995b)、Seidl 和 Tisdell(1999) 曾详细地回顾了承载力概念的历史和发展，他们认为承载力的理论基础可以追溯到马尔萨斯的人类种群增长论 (Malthus，1986，1st edition of 1798) 和著名种群增长模型——Logistic 模型 (Verhulst，1838；Young，1969；Dhont，1988；Cohen，1995b；Lindberg，1997；Seidl and Tisdell，1999)。1922 年，Hawden 和 Palnler(1922) 在观察阿拉斯加引入驯鹿种群后产生的生态效应时，正式提出了承载力的概念，即承载力是"在一定放牧时期牧场所能供养家畜的最大数量，但同时不能伤害牧场的生态环境和资源基础"。尽管承载力概念出现很早，但其内涵的丰富和发展却集中在最近的半个世纪。伴随可持续发展理论的不断发展以及人类对自然资源利用和废弃物的增长，承载力的概念也在种群增长的研究中得到了拓展，被赋予了丰富的含义，形成了不同层次、不同内涵的承载力概念。关于生态承载力的研究可以分四个阶段：古代朴素哲学思想阶段（~ 1798 年）、近代概念起源阶段（1798 ~ 1920 年）、定义与理论探索阶段（1921 ~ 1975 年）、定量化与应用阶段（1975 年至现在）。

迹来评价区域发展过程中的资源利用效益，严欢欢（2006）把这个概念应用于沈阳生态足迹的研究中 [1]。

3.1.2 生态承载力理论与城市生态版图

生态承载力在城市生态规划与生态城市建设中的应用，前人已作了很多的研究 [2][3][4][5][6]，也提出了很多反思 [7]，可以肯定的是生态承载力理论为城市生态版图奠定了丰富与坚实的理论基础，特别是生态足迹法，它的归一化定量技术、空间度量单位、供需关系界面为生态承载力理论在城市生态版图的应用扫清了技术障碍与适用难点。综合分析，生态承载力理论为城市生态版图的提出奠定了四个不可缺少的前提条件：

（1）提供了人类活动与自然生态系统的耦合理论。人类活动与自然生态系统的关系一直是生态学的研究热点，并形成了很多的观点。但最有说服力的是生态承载力理论，它假设生态系统对外界的干扰有一个底线，一旦超过这个底线，生态系统就会向退化的方向发展，即生态质量恶化。以城市为例，城市由

[1] 严欢欢．沈阳市生态足迹与生态效率研究 [D]. 沈阳：东北大学 [硕士学位论文]，2006.
[2] 张妍，杨志峰，李巍．城市复合生态系统中互动关系的测度与评价 [J]. 生态学报，2005，25（7）：1734-1740.
[3] 杨志峰，隋欣．基于生态系统健康的生态承载力评价 [J]. 环境科学学报，2005，25（5）：586-594.
[4] 徐琳瑜，杨志峰，李巍．城市生态系统承载力研究进展 [J]. 城市环境与城市生态，2003，16（6）：60-62.
[5] 徐琳瑜，杨志峰．城市生态系统承载力理论与评价方法 [J]. 生态学报，2005，25（4）：771-774.
[6] Alice L.Clarke.Assessing the Carrying Capacity of the Florida Keys[J].Population and Environment，2002，23（4）：405.
[7] Kreg Lindberg，Stephen McCool，George Stankey.Rethinking Carrying Capacity[J].Research Notes and Reports，1996：461-465.

一个人工生态系统与自然生态系统构成，人工生态系统是一个强加在自然生态系统之上的外力，而自然生态系统以生态承载力来消除外力作用。所以城市生态系统存在两个力，一个是城市自然生态系统的生态承载力，一个是城市人工生态系统的干扰力，城市系统由这两个力的合力来决定其发展方向。即城市生态系统是由自然生态系统与人工生态系统构成的复合生态系统，由生态承载力与干扰力共同作用，并决定其系统演替的正负向。当生态承载力大于干扰力时，城市生态环境向健康方向发展，而当生态承载力小于干扰力时，城市生态环境向恶化方向发展。生态承载力的底线假设为大家所公认，并不断深化研究，为城市生态版图中关于评价城市生态环境发展方向提供了人类活动与自然生态系统的耦合理论基础。

（2）提供了生态承载力的归一化定量技术。生态系统是一个非常复杂与庞大的系统，由一系列亚系统与亚系统力构成，而生态承载力作为度量生态系统的综合力，决定了其要包含生态系统各方面的信息才能真实地反映生态系统。在以往的研究中，对水资源承载力、土地资源承载力、矿产资源承载力、环境承载力、环境容量、资源承载力等都有详细的研究，并获得了大量的研究成果，主要体现在它们的定量方法精确可靠。而生态承载力作为一种综合评价生态系统的度量，更受到研究人员的重视，但它的定量精确度远远没有水资源承载力、土地资源承载力等高。究其原因，就是存在技术上的困难，即生态承载力要求度量生态系统的综合力量，而这种把各亚系统及其作用力都综合归一化的技术还没有出现。所以在很长的一段时间内（1921 ～ 1972 年），生态承载力的研究只停留在理论探索层次，而没有走向定量化阶段，最主要的原因就是存在生态系统作用力综合归一化处理技术难点。从 1972 年起，对生态承载力的定量化研究与探索从未间断，以 Lieth 于 1972 年首次提出的第一性生产力法为标志，通过多年来的探索，形成了三个类型的生态承载力计算方法：①系统模型法——Logistic 模型法、SD 模型法、MOP 模型法、SDSS 模型法；②指标体系法——PSR 法、PSIR 法、DSR 法；③物质能量平衡法——第一性生产力法、生态足迹法（即 EF 法）、能值法。在定量方面，物质能量平衡法的第一性生产力法、生态足迹法、能值法都要比其他的方法精确，能对生态承载力进行定量，真实地度量生态系统的综合力，而城市生态版图以生态足迹技术来计算生态承载力，为城市生态版图的计量方法提供了归一化定量技术。

（3）提出空间度量单位，为生态承载力的空间化应用提供了理论基础。物质能量平衡法的第一性生产力法、生态足迹法、能值法能精确地度量出生态系统的综合能力，特别是能值法，其以能量为度量单位，能非常精确地度量生态系统的综合能力。但在实际应用中，第一性生产力法、能值法很难应用于城市系统这样极度开放的研究对象，原因之一就是其度量单位与现实操作所用的度量单位不同，导致其计算与评价结果的无的放矢。针对城市复合生态系统承压体系所要反映的需要，分析各种方法在研究城市复合生态系统时的适度性，根据人口规模、空间规模、物耗规模（物质与能量）、干扰规模四个适应因子，以强、一般、弱、无四个级别评价五种生态承载力度量方法对城市生态承载力的适用性，其结论是 Logistic 模型法、PSR 法、能值法、第一性生产力法对空间的反映度非常弱，独有生态足迹法能很好地反映空间因素。城市空间生态学研究的重要性为人们所重视，生态位等经典的空间生态学理论被运用到城市空间研究当中，但研究成果并不多，最主要的原因是存在技术上的困难，即生态物质的归一化技术没有出现，而单要素生态物质又无法代表真实的城市复合生态系统的供需关系。生态足迹方法的提出无疑是非常伟大的，这一发明将使城市空间生态学得以快速发展。生态足迹理论把人类生存所需的一切生态资源精确地综合归一化为统一的空间度量单位，从而攻克了生态承载力由于度量单位而很难适用于城市复合生态系统的难题，这为城市生态版图的空间化应用提供了技术基础。

（4）以供需关系为研究界面，城市生态版图具有可操作性与实用性。Logistic 模型法、SD 模型法、MOP 模型法、SDSS 模型法、PSR 法、PSIR 法、DSR 法、第一性生产力法、生态足迹法（即 EF 法）、能值法其实在不同领域有其不可替代的特殊功能与适用性，系统模型法适用于纯自然生态系统的模拟，指标体系法适用于复合生态系统的现状评价，而物质能量平衡法适用于以生态系统供给能力方面的评价，所以物质平衡法更适用于城市复合生态系统这样一

专栏 3-2：生态系统服务理论

生态系统服务是指生态系统与生态过程所形成与维持的人类赖以生存的自然环境条件与效用，包括对人类生存及生活质量有贡献的生态系统产品和生态系统功能，Costanza 等认为“生态系统服务是人类直接或间接地从生态系统功能得到的效益”，并于 1997 年在《Nature》发表的“The Value of the World’s Ecosystem Services and Natural Capital”一文中对全球生态系统服务及其自然资本的价值进行了评估，得到全球 16 种生物群系的 17 项生态系统服务功能类型的总经济价值。生态系统是生物圈的基本组织单元，它不仅为人类提供各种商品，同时在维持生命的支持系统和环境的动态平衡方面起着不可取代的重要作用，但是在相当长的历史时期内，人类错误地认为生态系统是大自然的赠与，是取之不尽、用之不竭的。人与自然的关系被理解为利用、贡献和索取的关系。然而，随着人口的急剧增加、资源的过度消耗和环境污染的日益加剧，自然生态系统遭到了人类活动的巨大冲击与破坏，全球性和区域性的生态危机日益显现，自然生态系统的服务功能迅速衰退。

个供需界面特别清晰的研究对象。尤其是生态足迹法，其供需界面能与人类日常生活结合在一起，使评价结果能直接指导人类活动。综合分析，生态承载力理论为城市生态版图提供了人类活动与自然生态系统耦合理论、归一化定量技术、空间度量单位、供需关系界面四个方面的前提条件，特别是生态足迹法，它同时具备了城市生态版图所需的技术条件。

◎ 3.2 生态系统服务理论背景

城市生态版图的定义是城市发展消费的各种生态系统服务在地球表面土地所形成的空间格局，里面存在两个核心的逻辑问题：第一个问题为是否存在生态系统服务；第二个问题为支撑生态系统服务的土地是否在地球表面土地形成规律性的空间格局。如果不存在生态系统服务，那么就会失去城市生态版图概念的理论基础。生态系统是否存在生态系统服务，这些生态系统服务的构成是怎样的呢，其来源与流量是怎样的，其生态过程又是怎样的，这些问题的研究是城市生态版图概念的理论基础。城市生态版图是城市发展对生态系统服务消费而留下的印记，需求的一方是城市发展，而供应的一方则是生态系统，如果没有生态系统的服务功能，那么这种供求关系就建立不起来。如果说城市生态版图概念的提出建立在特定的理论基础之上，这个理论就是生态系统服务功能理论；支撑生态系统服务的土地是否在地球表面土地形成规律性的空间格局，这个问题的实质是城市生态版图概念提出的实际意义，也是城市生态版图概念与空间规划相衔接的基础。如果支撑生态系统服务的土地在地球表面土地不形成规律性的空间格局，那么就无法研究城市生态版图的空间结构，而对一个没有规律性的空间格局进行研究，也是无意义的。所以支撑生态系统服务的土地在地球表面土地形成规律性的空间格局是城市生态版图研究的现实意义根基。

3.2.1 城市生态版图与生态系统服务的内在关系

城市生态版图概念的理论基础是生态系统服务理论，生态系统服务为城市发展提供各种服务功能，或者城市发展就会消耗各种生态系统服务，城市发展与生态系统是城市生态版图与生态系统服务之间逻辑关系的两个主体，通过对生态系统服务的供求关系进行作用，见图 3-1。在城市生态版图与生态系统服务的逻辑关系图中，存在两个方面的内涵：①城市与生态系统是逻辑关系体系的两个主体；②城市发展消费与生态系统服务形成供求关系，城市发展消费构成需求一方，而生态系统提供生态系统服务构成供应一方，即城市生态版图概念的逻辑基础就是城市与生态系统之间的供求关系。

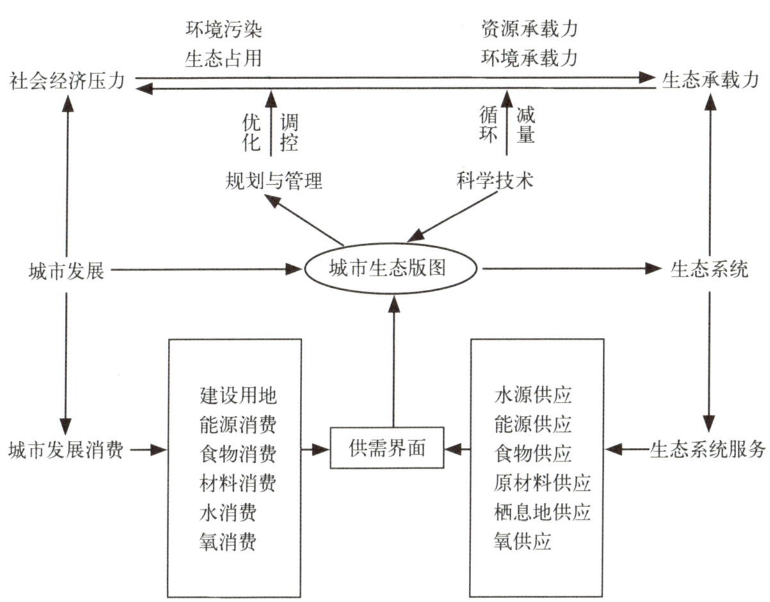

图 3-1
城市生态版图与生态系统服务的逻辑关系图

通过城市生态版图与生态系统服务的逻辑关系图，认识到生态系统服务的供求关系是城市与生态系统进行联系的纽带，如果生态系统服务与城市发展消费相对应，那么城市生态版图概念的理论基础应为生态系统服务理论也是明确的。城市发展必然消费生物、能源、空间、水、空气等一系列的生态系统产品，这种需求是明确的，而生态系统服务的来源与构成是怎样的，能否与城市发展消费相对应，是后面将要重点论证的内容。

3.2.2 生态系统服务的分类与城市发展消费分类

本研究为方便城市生态版图研究，把生态系统服务归纳成物质性生态系统服务功能、调节性生态系统服务功能、精神性生态系统服务功能。物质性生态系统服务功能是生态系统通过第一性生产与第二性生产为人类提供的直接商品或是将来有可能形成商品的部分，如食物、木材、燃料、工业原料、药品等人类所必需的产品；调节性生态系统服务功能是支撑与维持人类生存环境和生命支持系统的功能，如生物多样性、气候调节、传粉与种子扩散等；精神性生态系统服务功能是生态系统为人类提供娱乐消闲与美学享受，如景观、户外游憩等（表 3-1）。

随着城市发展，其发展消费结构不断发生变化，但基础的结构变化不大，主要包括食品、家庭用品、医疗保健、交通、通信、文教娱乐、居住及其他八大类。本文参考城市统计年鉴的划分方法对城市发展消费结构进行划分，城市发展消

生态系统服务类型的三类划分　　表 3-1

类型	构　成
物质性服务	水源供应、食物供应、原材料供应、栖息地供应、空气供应
功能性服务	大气调节、气候调节、扰动调节、水分调节、土壤侵蚀控制、土壤形成、营养物循环、废物处理、传花粉、生物控制、基因资源保护
精神性服务	娱乐、文化、科考、景观、户外游憩

城市发展消费构成划分　　表 3-2

大类	中类	小　类
物质性	食品消费	谷物类、豆类、蔬菜类、植物油、猪肉、牛肉、羊肉、禽肉类、蛋类、奶类、鱼类、食糖、酒、水果类、木材等
	能源消费	煤炭、焦炭、汽油、电力等
	原材料消费	石材、石沙、泥土等
	空间消费	居住用地、商业用地、工业用地、交通用地、公共设施用地
	水消费	生活用水、工业用水、农业用水、生态用水
	空气消费	新鲜空气、新鲜氧气
	家庭用品消费	电视、洗衣机、自行车、汽车、衣柜、厨具等
非物质性	教育消费	学校教育、各种培训、职业教育等
	文化消费	公益活动、社会活动等
	娱乐消费	旅游、文体活动、户外游憩等

费结构的划分见表 3-2。从表 3-2 中，可以看到城市发展消费主要由物质性消费与非物质性消费两大类构成，物质性消费包括食品、能源、原材料、空间、水、空气、家庭用品七类，而非物质性消费包括教育、文化、娱乐三类。

3.2.3　城市发展消费与生态系统服务的对应关系

从生态系统服务类型构成与城市发展消费构成来比较，生态系统服务由物质性服务、功能性服务、精神性服务三大类构成，而城市发展消费由物质性消费与非物质性消费构成。生态系统服务不仅为城市发展提供了物质性生态系统服务、精神性生态系统服务，同时也为生态系统本身提供了功能性生态系统服务，为自身健康、持续发展奠定了基础。城市发展的物质性消费都可以从生态系统服务中获得，也可以说城市发展消费都会占用到生态系统所提供的服务，在城市发展非物质性消费中，教育、文化、娱乐消费的载体也是由生态系统的精神性服务来提供的。但由于城市发展的非物质性消费与生态系统的精神性服务目前来讲难以界定与定量，各方面的认识看法也各不相同，本文重点研究生态系统物质性服务与城市发展物质性消费之间的对应关系。

城市发展物质性消费中的食品、能源、原材料、空间、水、家庭用品有些是生态系统的直接产品，有些是间接产品。如城市发展所消费的食品中，谷物类、豆类、蔬菜类、植物油、猪肉（包括动物油）、牛肉、羊肉、禽肉类、蛋类、奶类、鱼类、食糖、酒、水果类、木材，除了酒之外，都是生态系统直接的产品；城市发展所需要的能源，都是经过煤炭、焦炭、石油转化而来的，是生态系统的间接产品；城市发展所消费的空间，如居住用地、商业用地、工业用地、交通用地、公共设施用地，也是生态系统的间接产品；城市发展所消费的水资源、空气资源都是生态系统的直接产品；而城市发展所消费的家庭用品中，绝大多数是生态系统的间接产品。城市发展消费与生态系统服务的对应关系见图 3-2。

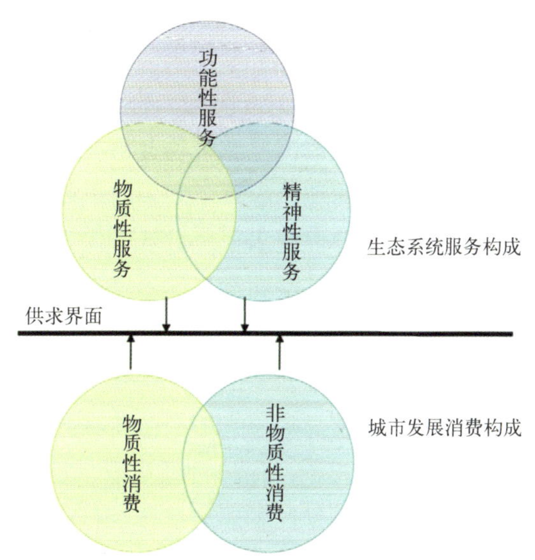

图 3-2 城市发展消费与生态系统服务的对应关系图

◎ 3.3 空间经济学理论背景

由于空间经济学把空间带入到研究中去，为城市生态版图提供了很多思维途径，特别由于空间因素的存在而造成生态资源的非线性空间分布，主要包括以下几个方面：①城市生态版图区位选择行为分析。传统的区位理论讨论区位时，主要从静态、外生角度去考虑区位条件，而空间经济学强调的是动态的区位，因为在非均衡力作用下常形成循环累积因果关系，此时形成循环累积因果链的区域的经济不断得到发展，而经济的发展使得该区域具有更大的吸引力，这是内生决定区位优劣的过程。因此，在空间经济学中，城市生态版图区位选择与生态版图的大小以及区内区外贸易自由度的大小有关，城市生态版图将选择生态版图较大的区域；其他条件相同的情况下，企业将选择区内贸易自由度较大的区域；当区际贸易自由度很大时，生态占用的生产区位很不稳定，将向生态版图较大的区域转移。②生态占用区际分配、效率和公平问题。在空间经济学框架下的生态占用地区分配，主要取决于各区域拥有的资本份额的大小，所拥有的资本份额越大，则所分得的生态占用也就越大。流动要素的重新布局导致产业活动的重新布局，从而导致区际收益分配差距，但同一个区域内的同种要素所有者之间不存在收益冲突。社会最优的生态资源分布，主要考虑人口规模，它要求规模较大区域应拥有较大份额的生态资源，而生态资源的市场配置主要考虑生态版图，尽可能把更多的生态资源配置在生态版图大且收入水平高的地区。除了区域相对要素禀赋相等或资本收益和劳动力报酬相等这两种情况，市场条件下的生态资源分布是社会次优的，随着贸易自由化进程的加快，市场配置的生态资源空间分布越来越偏离社会最优分布。尽管社会最优的生态资源配置主要考虑人口规模，但从劳动者角度来说，无论是市场配置还是政府配置都在生态版图较大的地区配置了太多的企业。不管是市场配置还是计划配置，生态版图较小地区的福利水平总是低于生态版图较大地区的福利水平，这是无法调节的一对矛盾。从空间经济学角度来说，除非完全对称的世界，存在扩张力的块状世界中，区际福利差异是永远存在的，不可能实现绝对的公平。但同时它还告诉我们，如果政府的目标函数为提高福利水平，那么通过政府的规范行为，可以把这种差异控制在不会激化社会矛盾的范围内。政府规范行为之一为建立和完善市场机制，保护合理竞争，尽可能消除市场的扭曲；其二为对生态版图较小的欠发达地区和弱势群体实行有别于发达地区和强势群体的一些特殊政策，尽可能“保护”他们，协调区域生态发展问题。目前主流经济学有关区域协调发展的主要观点之一为实现区域经济一体化。但空间经济学告诉我们，在存在扩张力的块状经济中，完全自由化使得各种要素向经济发达地区集中，这可以提高整体经济的增长率，但同时降低欠发达地区所拥有的生态资源份额。因此，区域经济一体化的福利效应从动态和静态两个方面去考虑，动态效应是指生态资源的集中导致整体经济增长率的提高，整体经济增长率的提高将提高整体的福利水平；静态效应是指自由化提高可流动要素的流动性，使得可流动要素向经济发达地区集中，这将减少欠发达地区的生态资源份额，而生态占用的区际分配取决于不同区域所拥有的生态资源份额的多少，因此生态资源份额的减少会降低欠发达地区的福利水平。如果动态效应大于静态效应，则一体化可以实现区域协调发展，反过来，则一体化加大区域差距。但是动态效应常常与某一区域消费者对工业品的支出份额密切相关，如果该区域消费者对工业品的支出份额很大，则这种动态效应大于静态效应，反过来，则动态效应小于静态效应。现实中，欠发达地区消费者对工业品的支出份额比起发达地区的消费者是微不足道的，因此在欠发达地区，静态的损失效应大于动态的增幅效应，一体化不会带来区域的协调发展。同时，传统理论认为贸易自由化可以促进工业化的发展，但空间经济学告诉我们，适度保护欠发达地区的消费品市场，开放中间投入品市场，对欠发达地区工业化是有益的。落后地区开始工业化所需的最小生态版图取决于该区域所具有的比较优势和区内区际贸易的自由程度；比较优势越大，则开始工业化所需的生态版图越小；发达地区实行更加开放的政策，则落后地区开始工业化所需的生态版图越小；落后地区也实行全方位开放的政策，则开始工业化所需的生态版图更大，这不利于欠发达地区的工业化。总之，空间经济学认为，要实现区域经济协调发展，发达地区应实行更加开放的政策；欠发达地区应尽可能发展具有比较优势的生态资源，并实行循序渐进的开放政策。

专栏 3-3：空间经济学理论

空间经济学发端于 20 世纪 90 年代初，至今已有十几年的发展历史。空间经济学试图把空间要素纳入到一般均衡分析框架中，研究各种生产要素的运动规律和机制，并通过这种规律与机制的分析探讨经济增长规律与途径。其核心思想是强调经济增长的非连续性和非单调性，并以这种非连续过程解释区际经济发展差异。区际经济是“块状经济”，完全不同于新古典的“平滑经济”。与新古典的“平滑经济”相对应的是经济发展的连续性和单调性，而与“块状经济”相对应的是经济发展的非连续性和突发性。人口、财富、经济活动在空间上的非均匀分布是普遍的现象，自然条件（自然资源、自然环境等）及要素的空间差异是一个重要原因，却不足以解释现实中的区域经济差异问题，具有相同或相似自然条件的区域，在经济活动强度和密度方面却可以存在很大差异。虽然外生的自然条件和要素禀赋的空间差异是经济活动空间差异的一个重要原因，但空间经济学寻找的是经济系统的内生力量以及这些内生力量如何影响经济活动空间差异的问题。空间经济学对空间进行了抽象，认为空间是一种同质性的平面，并且空间的存在引起经济主体间交易过程中的运输成本。通过运输成本，把空间要素纳入到一般均衡的分析框架中。

空间经济学理论的核心研究内容主要集中在经济空间集聚的动力机制、经济空间集聚与经济溢出、空间经济集聚与经济增长三方面，并形成经济系统内生的循环累积因果关系，决定了经济活动的空间差异；即使不存在外生的非对称冲击因素，经济系统的内生力量也可以促使经济活动的空间差异；在某些临界状态下经济系统的空间模式可以发生突然变化；空间经济学第二个突出的特征是区位的黏性，也就是“路径依赖”；人们预期的变化对经济路径产生极其深刻的影响；产业聚集带来聚集租金等六个方面的理论核心观点。

总体分析，生态占用的扩张力与收缩力部分遵从空间经济学规律。生态占用由可流动性（生物与能源）与非可流动性（建设用地），即生态承载力由流动性生态支撑体系与非流动性生态支撑体系构成。流动性生态占用进入市场并形成商品，完全遵从空间经济学规律；而非流动性生态占用在现实中也形成商品，但其非可流动性决定其在空间属性上的缺失，从而不完全遵从空间经济学规律。扩张力来源于关联效应、厚实的市场、知识溢出和其他外部经济；收缩力有不可流动的生产要素、土地租金/运输成本、拥塞和其他外部不经济[1]。也有人认为由八大因素推动的空间集聚，分为基本因素与市场因素，基本因素包括：运输成本、收益递增、知识溢出；市场因素包括地方市场需求、产品差异（消费者偏好）、市场（垂直）关联、贸易成本（还包括国际贸易理论中所强调的要素禀赋外）[2]，生态占用的扩张力与收缩力部分遵从这些空间经济学规律，这就决定了有些生态问题必须国家、跨区域合作才能有效解决，如国家近期出台的主体功能区规划，以及跨区域生态补偿政策等。

◎ 3.4 生态位理论背景

3.4.1 生态位理论在城市和区域研究中的应用

生态位的研究已经渗透到了很多人类社会系统的研究领域，而且应用范围越来越广，成为其他人类社会科学引进并合成新概念的一个“母体”。例如，城市生态位、企业生态位、人口生态位等，都是从生态学意义的“生态位”的概念演化而来的。20 世纪 80 年代以来，许多学者把生态位理论应用到城市研究中。1983 年著名生态学家 Odum 把城市生态位理解为扩展的生态位理论。王如松（1985）将城市生态位定义为“一个城市提供给人们的或可被人们利用的各种生态因子（食物、土地、交通等）和生态关系（生产力水平、环境容量、生活质量等）的总和”。

周鸿（1989）、李自真（1999）对城市生态位的理解侧重于城市生态因子和生态关系对居民的适宜程度，在他们看来城市生态位的本质是城市所能给居民提供的舒适的生产生活环境。

罗小龙等（2000）将生态位理论引入城乡结合部的研究，在系统分析城乡结合部生态位态势的基础上，以南京为例进行了实证研究。王勇等（2002）对城市生态位在小城镇发展及规划等方面的作用进行了分析。根据小城镇资源环

[1] 藤田昌久，保罗·克鲁格曼，安东尼·J·维纳布尔斯著．空间经济学：城市、区域与国际贸易 [M]. 梁琦主译．北京：中国人民大学出版社，2005.

[2] 梁琦．产业集聚论 [M]. 北京：商务印书馆，2004．

境的饱和程度、生态位重叠与竞争关系，将 20 世纪 80 年代以来，我国的小城镇发展划分为无竞争、有限竞争和全面竞争三个发展阶段。

韩秀娣（2002）认为城市生态位是针对城市这个特殊的有机生态元而言的，把城市生态位分为条件生态位和功能生态位，并认为城市生态位的本质是条件生态位而非功能生态位，也就是说城市生态位的实质是城市居民的生存条件和生存质量的满足程度。在此基础上以“宜人化”为目标，初步建立了城市生态位评价指标体系，包括人均土地、大气综合指数、年均噪声等级、人均寿命等 7 项具体指标，并以北京、上海等 9 个城市为研究单元，进行了城市生态位定量评价的初步尝试。

曹嵘等（2003）把物种的生态位概念扩展到人的生态位，认为人口生态位是多个因子所决定的个人或某个群体在其人口整体中所占据的地位和发挥的作用。并对北京、上海等 18 个城市的人口生态位及其生态场势进行了分析。胡

专栏 3-4：生态位理论

1910 年，Johnson 最早使用了生态位一词：“同一地区的不同物种可以占据环境中的不同生态位”，可惜他没有对生态位进行定义，未将其发展成一个完整的概念。1917 年，J.Grinnel 最早定义它为“恰好被一个种或一个亚种所占据的最后分布单位”，人们称它为空间生态位 (space niche)。其后 C.S.Elton(1927) 从个体生态学的角度将生态位定义为“有机体在群落中的功能和地位”。即所谓的营养生态位 (trophic niche) 或叫功能生态位 (functional niche)。Gause(1934) 采纳了 Elton 的生态位概念，并在草履虫实验的基础上，发展出了竞争排斥法则，即 Gause 原理。Gause 认为生态位是特定物种在生物群落中所占据的位置，即其生境、食物和生活方式等。如果出现在一个群落中的两个物种受到同一资源的限制，其中某一个种具有竞争优势，而另一个种将被排斥。Odum(l952) 认为生态位既包括有机体的群落类型、生境和物理条件，也包括某些它与群落其他成分有关的要素。Odum 认为栖息地是生物的“住址”，而生态位是生物的“职业”。此后，到了 1957 年，对现在生态位研究最有影响的学者 G.E.Hutchinson 利用数学上的点集理论，率先对生态位概念给予数学描述“n 维资源空间中的超体积”。他认为生态位是每种生物对环境变量 (温度、湿度、营养) 的选择范围，因为环境变量是多维的，称为超体积，所以把 Hutchinson 的生态位定义称为超体积生态位 (hyper-volume-niche)。后来，Odum(1959)、Pianka(1983)、Grubb(1977)、Colinvaux(1986)、CaoGuanxia(1995)、王刚 (1984)、刘建国、张光明等又从不同的角度分别给生态位下了定义，刘建国、马世骏提出了“扩展的生态位理论”。虽然给生态位下定义者为数不少，但最具代表性的当推 J.Grinnel、C.S.Elton、G.E.Hutchinson 三人，后人分别称他们所给定义为“空间生态位”、“功能生态位”和“多维超体积生态位”。

目前形成竞争排斥理论，生态位构建理论，更新生态位理论，生态位适宜度理论，随机性生态位理论，竞争与分离、更新与变异、扩充与共存理论等六种生态位理论模型。

春雷（2004）等认为城市生态位是城市在上级区域系统中与区域环境相互作用的过程中所形成的相对地位和作用。并认为城市生态位也应该包含两个方面：①城市的态（能量、资源的占有量、人口、经济发展水平、科技发展水平等），是城市过去积累的结果；②城市的势（能量交换率、生产率、人口增长率、经济增长率等），二者的结合由生态位宽度来体现。

杨国贤等（2004）从城市生态位概念出发，以提高“人的生命质量”为前提建立了城市生态位指标体系，在此基础上测度了银川的城市生态位，并与其他 8 个城市进行了比较。李艳萍等（2005）从生态位理论的角度出发，选择人口、经济和环境三类因素，根据超体积生态位概念，计算并分析了江苏省沿江各个城市的生态位指标，并提出相应拓宽江苏省沿江城市生态位的政策与措施。

陈绍愿等（2006）从竞争的角度考察生态智慧型城市所处的生态位，提出城市竞争生态位的概念，并将其定义为“一个城市在时间上和空间上所利用的生存资源（知识、人才、科技等）的集合、所处的环境条件（政治、经济、政策等环境因子）及其与其他城市之间的功能关系（竞争与合作、集聚与扩散等关系）”。进而，论述城市竞争生态位的多维性以及城市竞争生态位重叠和分离现象的发生机理。最后，将城市竞争生态位理论应用到城市竞争策略的研究中去，从生态智慧的角度对城市竞争策略进行重新解读，指出现代城市应当通过错位竞争策略、选择性变异策略和互惠共生策略来实现城市间的共存共荣。

丁圣彦等（2006）根据城市生态学的划分方法，从研究城市不同功能模块入手，结合宜居城市指标体系，将城市生态位划分为三类：城市自然生态位、城市经济生态位和城市社会生态位三个子系统，建立了 3 级共 40 项具体指标的城市生态位评价指标体系。在此基础上以开封市不同功能模块为研究对象，探讨近十年来开封市不同功能模块生态位格局变化规律，并对变化的原因进行了分析，认为国家政策体制的改革是近十年来开封市各功能模块生态位发生变化的最直接和最根本的原因。

3.4.2 生态位理论与城市生态版图

城市生态版图把空间问题与生态承载力理论结合起来，实现生态承载力的空间化应用，是空间的生态性研究与生态的空间性研究相结合的结果，即城市空间生态学范畴。城市空间生态学的研究对象为空间与生态资源，核心价值导向是生态资源的空间配置合理性，核心研究内容是城市生态版图扩张力与收缩力的平衡机制，即城市生态版图空间优化。当城市生态版图空间优化的理论依据仅从空间经济学来理解是不够的，或者说是偏社会性的，缺少生态理论支持，所以通过空间生态学中的生态位理论进行研究，以期从中找到理论支持。通过研究前人的研究成果，生态位理论为城市生态版图提供以下启示：①城市生态版图空间选择的正确与否将直接关系到一个城市能否实现自身的价值，并实现其最高效、最低风险。城市作为一种特殊生命有机体，其生存和生长同样需要各种资源予以支持。当两个或多个城市利用同一资源时，即两个或多个城市处于相同的生态位或者生态位重叠较高时，城市之间必然会发生生存资源的竞争，直至一方衰退甚至消亡；反之，当两个城市或多个城市利用不同的资源时，即两个或多个城市处于不同的生态位或者生态位重叠值较低时，能避免相互之间发生资源的竞争而实现共生；②生态位理论可以为城市生态版图空间优化研究提供新的方法。城市生态版图空间既包括生活条件，也包括生产条件；既有物质、能量问题，也有文化、信息因素；既有空间概念，也有时间概念。它反映了一座城市的现状对人类各种经济活动和生活活动的适宜程度，反映了一座城市的性质、功能、地位、作用及其人口、资源、环境的优劣势，从而决定了它对生态资源的吸引力和收缩力，而文化、人口、资源、环境、对生态资源的吸引力等都是可以决定一个城市发展方向的因素。

总体分析，生态位理论是城市生态版图的核心支持理论之一。城市生态版图就是人类不断追求更好的居住环境的产物，正当世界各国的城市化过程以不可阻挡之势迅猛推进之时，城市生态版图的空间正发生着剧烈的变化，而对于人类来说，建立生态高效、生态安全、生态良好的城市生态版图，从而实现城市的可持续发展，生态位理论将为城市生态版图的空间选择与优化提供理论支持。

第 4 章

城市生态版图的空间结构与边界

城市生态版图空间结构与边界是城市生态版图客观性的核心内容，城市生态版图的空间结构具有客观存在、空间动态、空间规律、多空间边界等特征，并通过其空间动态过程表现出城市发展的一般规律与特点，通过城市生态版图空间结构、边界研究，可以深入理解城市发展的内在机制，以及城市与外部的相互关系。

◎ 4.1　城市生态版图的类型构成

根据前一章城市生态版图概念理论基础的分析，认识到城市生态版图的实质就是城市发展所消费的各类生态系统服务，从而在地球表面土地所形成的一系列印记，这些印记的叠加就会构成城市生态版图。在实践中，根据不同分析需要，对城市发展消费在地球表层形成印记的统计范围也存在差异，就会形成不同类型的城市分类生态版图。

4.1.1　城市分类生态版图的类型构成

通过对城市发展消费与生态系统服务类型的重新划分对接，重点分析物质性层面内容，结合当今城市发展消费现状与发展趋势，并充分利用用地类型的空间可识别性，确定生物用地、能源用地、建设用地、水用地、氧用地五个用地类型，见表 4-1。需要特别解释的是，城市生态版图由水用地版图、氧用地版图、建设用地版图、能源用地版图、生物用地版图五个分类生态版图构成，并不是说城市生态版图一定就是由此五大分类生态版图构成，原因有两个方面：其一，五个分类生态版图只是分析到物质层面的城市发展消费，而没有涉及非物质层面的城市发展消费，所以本文所提到的城市生态版图属于狭义层次的城市生态版图；其二，城市发展消费随着城市的发展而变化，有可能会产生新的消费，或者部分消费减少、消失，所以城市生态版图的构成类型也会随着城市的发展而变动。本文所提到的五个分类生态版图是通过现在城市发展消费归纳总结出来的，是静态条件下分析得出的城市生态版图类型构成。

4.1.2 城市分类生态版图的功能

生物用地版图、能源用地版图、建设用地版图、水用地版图、氧用地版图五个分类生态版图具有相对独立的功能。生物用地版图为城市发展提供食品、生产原材料等生物性资源；能源用地版图为城市发展提供能源；建设用地版图为城市发展提供生产生活空间场所；水用地版图为城市发展提供生活用水、工业用水、农业用水、生态用水；氧用地版图为城市发展提供新鲜氧气，见图 4-1 和表 4-1。

生物用地版图	提供城市发展所需生物资源
能源用地版图	提供城市发展所需能源
建设用地版图	提供城市生产生活所需场所
氧用地版图	提供城市发展所需的氧气
水用地版图	提供城市发展所需的水资源

图 4-1 生态版图类型及功能

城市生态版图类型构成及其功能　　表 4-1

—	类型构成	功能
城市生态版图	建设用地版图	提供城市生产生活所需的场所
	能源用地版图	提供城市发展所需的能源
	生物用地版图	提供城市发展所需的生物资源
	水用地版图	提供城市发展所需的水资源
	氧用地版图	提供城市发展所需的氧气

◎4.2　城市生态版图的用地构成

生物用地版图、能源用地版图、建设用地版图、水用地版图、氧用地版图五个分类生态版图具有相对独立的功能，其用地的功能也相对独立，分别为生物用地、能源用地、建设用地、水用地、氧用地。这五类用地是按功能来划分的，是对城市发展消费对土地空间占用的高度概括，总体上比现有土地的空间划分高出一个层次，具体表现为一种城市生态版图用地同时包括几种现有土地空间类型，如生物用地包括林地、园地、草地、耕地、水域五种现有土地空间类型。总体上，城市生态版图用地类型的划分是基于城市分类生态版图间功能独立性与现有土地空间划分类型的双重功能考虑的，是对现在土地空间的高度概括，也是对本文理论创新的解释需要。

生物用地、能源用地、建设用地、水用地、氧用地都是由地球表层一定的土地空间来提供的，所以都是由更具体的土地空间来支撑的。同时，地球表层土地空间并不是匀质，其提供的生态系统服务也是不一样的，不同的城市生态版图用地会占用不同类型的土地空间。按照中华人民共和国质量监督检验检疫总局和国家标准化管理委员会于 2007 年 8 月 10 日发布的《土地利用现状分类》(GB/T 21010—2007)，把地球表层的土地空间划分成耕地、园地、林地、草地、商服用地、工矿仓储用地、住宅用地、公共管理与公共服务用地、特殊用地、交通运输用地、水域及水利设施用地、其他用地十二大类。为使本研究与城市规划实践更加紧密结合，并充分考虑土地空间的生态属性，在参考城市建设用地分类标准《城市用地分类与规划建设用地标准》(GBJ 137—90) 的基础上，把地球表层的土地空间划分成林地、园地、草地、耕地、水域、建设用地几大用地类型，其中建设用地包括居住、商业、工业、交通、仓储、道路广场、市政公用设施、特殊用地、水域及其他九个小类，与《城市用地分类与规划建设用地标准》对建设用地的最大区别是没有绿地，因为绿地实质上还是具有生产性（二氧化碳吸收，生产氧气）的用地，属于生物用地范畴。建设用地中的水域是指非生产性的景观水域，而六大用地类型的水域是指生产性的水域，两者不相同。这六大类土地提供不同类型的生态系统服务，与城市生态版图用地的对应关系见表4-2，城市生态版图用地的因素构成及其功能如下。

城市生态版图用地类型　　表4-2

—	分类生态版图	城市生态版图用地构成
城市生态版图	建设用地版图	建设用地，包括居住、商业、工业、交通、仓储、道路广场、市政公用设施、特殊用地、水域及其他
	能源用地版图	能源用地，包括吸收二氧化碳的非生产性绿地
	生物用地版图	生物用地，包括林地、园地、草地、耕地、水域
	水用地版图	水用地，包括汇水用地与蓄水用地
	氧用地版图	氧用地，包括提供氧气的非生产性绿地

注：《湿地公约》对湿地的定义是指不问其为天然或人工、长久或暂时之沼泽地、泥炭地或水域地带，带有或静止或流动、或为淡水、半咸水或咸水水体者，包括低潮时水深不超过6m的水域。湿地包括多种类型，沼泽、泥炭地、湿草甸、湖泊、河流及洪泛平原、河口三角洲、滩涂、珊瑚礁、红树林、水库、池塘、水稻田等都属于湿地，本文所提到的水域包括湿地。

4.2.1 生物用地

生物用地是指为城市提供生物资源的土地，是构成生物版图的土地。根据生物资源生产土地的差异，又可进一步把生物用地细分成耕地、林地、园地、草地、水域五类，耕地主要生产谷物类、豆类、蔬菜类、植物油、猪肉（包括动物油）、食糖、酒、禽肉类、蛋类；园地与林地主要生产水果类、木材；草地生产牛肉、羊肉、奶类；水域生产鱼类。

4.2.2 建设用地

建设用地是指为城市提供生产生活的土地，是构成建设用地版图的土地。建设用地又可进一步细分成居住、商业、工业、交通、仓储、道路广场、市政公用设施、特殊用地、水域及其他十个小类用地。

4.2.3 能源用地

能源用地是指为城市提供能源资源的土地，是构成能源用地版图的土地。从目前城市使用的煤炭、焦炭、原油汽油、柴油、供热、电力六大能源来分析，我们无法找到生产其的土地，因为这些能源是地球表层经过长时间的积累而形成的，所以对其生产地的界定相对于生物用地与建设用地来讲比较复杂。

首先，生产用地的界定有两个分析方法，第一种是来路法，即调查从哪里来；第二种是回路法，即调查其尾物回归何处。从生态系统物质循环理论来分析，两种方法的调查结果是一致的，生态资源在哪里生产出来，其尾物也会回归到哪里去。建设用地与生物用地空间分布采用的是来路法，这个方法能准确地定位生产此用地的土地位置。能源空间分布调查若采用来路法，表面是清楚地获得生产这些能源的土地，但这些土地只是能源的储藏地，而不是能源的生产地。例如大庆每年产出大量的石油，这些石油并不一定是由大庆的土地来生产的，而可能是由大庆以外很多土地通过长时间的积累而形成的。显然，用来路法调查其生产土地来源不能反映生态系统的真实情况。因此，本文采用回路法来界定能源生产地，即通过调查能源使用后排放出二氧化碳的吸收用地来界定能源生产地的空间分布。理论上，具有生产功能的土地都能吸收能源使用后排放出的二氧化碳，但在界定能源用地时，要把生产生物资源的土地除外，包括耕地、林地、草地、水域，因这些土地已经用作生产生物资源，生物资源被消费后产生的二氧化碳同样需要这些土地来吸收。总体分析，地球表层具有生产能力的，除建设用地占用外所有的土地都可以是能源用地，主要包括林地、园地、草地、耕地、水域五类。

4.2.4 水用地

水用地是指为城市发展提供水资源的用地，是构成水用地版图的土地。水用地包括汇水地、蓄水地、输配水地，汇水地是指汇集降雨的地表空间，蓄水地是指储存水的地表空间。水用地中的汇水地、蓄水地、输配水地可能是林地、园地、草地、耕地、水域、建设用地六大类土地中的一种，因为任何一种土地都可能成为汇水、蓄水、输配水空间，从而具有水用地的功能。

4.2.5 氧用地

氧用地是指为城市发展提供氧气的用地，是构成氧气用地版图的土地。氧用地包括林地、园地、草地、耕地、水域五种能生产氧气的用地，而不包括建设用地，因为建设用地没有生产功能，不能生产氧气。

综合分析，城市生态版图空间由生物用地、建设用地、能源用地、水用地、氧用地五类构成，其功能各不相同。五类城市生态版图用地的提出，是对城市生态版图用地的高度概括，也是本文理论研究的解释需要。

◎4.3　城市生态版图的用地空间模式

4.3.1　空间模式

空间模式（spatial pattern）是空间表现出的规律性结构，是对空间分布规律的归纳。生态版图空间模式是指城市生态版图各种用地在以城市核心区为中心的空间中的规律性结构。生态版图空间模式的差异是普遍现象，自然条件（自然资源、自然环境等）及要素的空间差异是一个重要原因，却不足以解释现实中的各城市生态版图空间模式差异问题，具有相同或相似自然条件的城市或区域，其生态版图却可以存在很大差异。虽然外部的自然条件、要素的空间差异是生态版图差异的一个重要原因，但可以确定的是，生态版图空间模式是社会经济与生态环境系统间、城市内部力量与城市外部力量间综合作用的结果。

对生态版图空间结构的规律性结构进行归纳时，主要考虑两类要素、两个数量、两种关系。两类要素是核心区与各种用地，两个数量是距离与面积，两种关系是各种用地与核心区的空间关系以及各种用地间的空间关系。若以核心与边缘分别指城市建设区与城市郊区（或者城市腹地），城市生态版图空间模式可以归纳为四种基本类型：核心型、边缘型、飞地型、边缘—飞地型，见图 4-2。

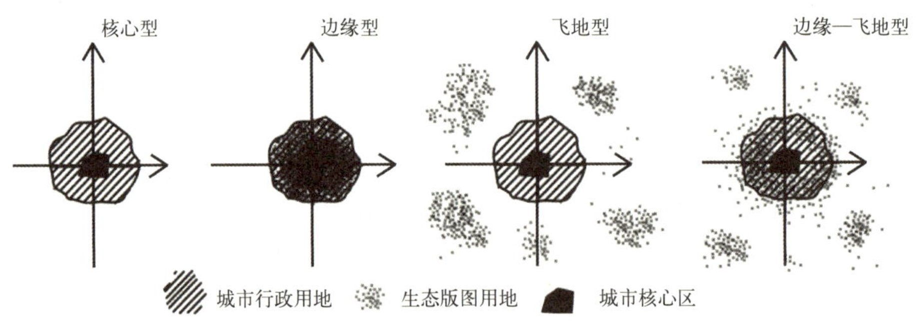

图 4-2　生态版图空间模式示意图

1. 核心型

核心型模式表现为用地只分布于城市核心区内，即建成区。建设用地一定是核心型模式，其实质是此生态资源具有不可流动性，或者说是消费的就近性所决定的，例如义乌与南充的建设用地都属于核心型，其建设用地不可能由外部提供，见图 4-3。

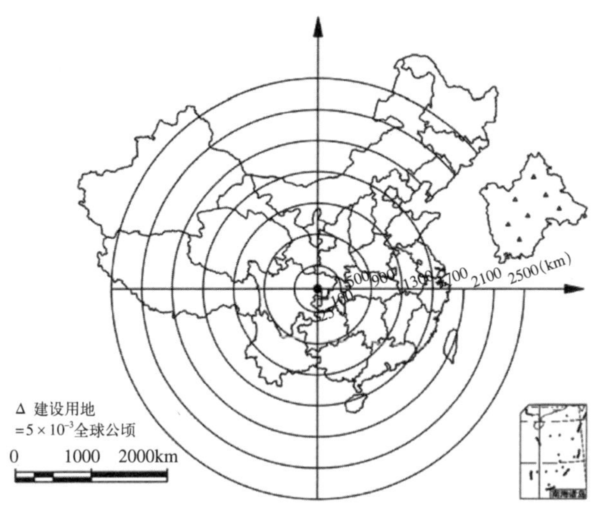

图 4-3 “核心型”——南充建设用地版图

2. 边缘型

边缘型模式表现为用地均匀分布于以城市核心区为中心的周边。边缘型有两个亚型：同心圆边缘型和带状边缘型，同心圆边缘型一般出现在自然生态系统相对匀质的平原区，而带状边缘型出现在自然生态系统非匀质的山区。城市消费的很多生物资源生产用地属于边缘型，特别是随着农业种植技术的提高，很多具有地带性分布的农作物、蔬菜都可以在城市郊区种植。南充的猪肉、禽肉单要素用地，义乌的蔬菜用地都属于边缘型，见图 4-4。

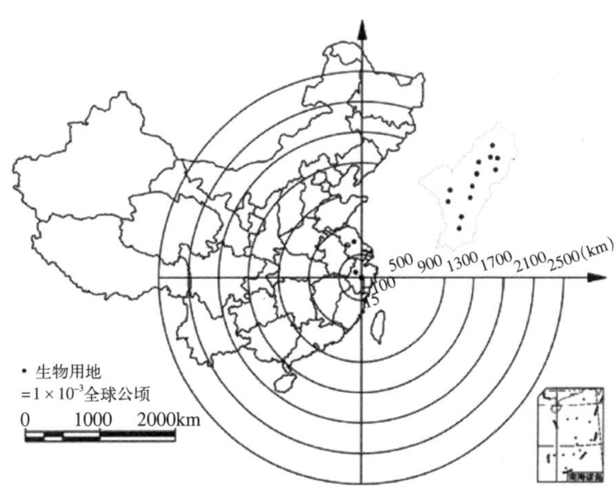

图 4-4 边缘型——义乌蔬菜用地版图

3. 飞地型

飞地型模式表现为各种用地集中分布于远离城市核心区，或行政版图的某一区域。飞地型可能是市场选择的结果，如义乌可以饲养肉羊，也可以从山东、内蒙古进口，但机会成本决定了其全部从外部进口；也可能由生态资源生产的地带性决定，例如烟叶，义乌不可能生产烟叶（不是不可以生产，而是生产的利用价值不大），所以其消费的烟叶全部从外部进口。飞地型又可分为定点飞地型与浮点飞地型。如牛羊肉、木材、烟、茶叶、海鲜为定点飞地型，而义乌的羊肉就属于浮点飞地型，因为羊肉可以从全国很多地方进口。由于飞地型用地距离城市较远，需要长距离运输才能实现生态资源的城市消费，因此，这类生态资源成本较高，义乌的奶类属于飞地型空间模式，见图 4-5。

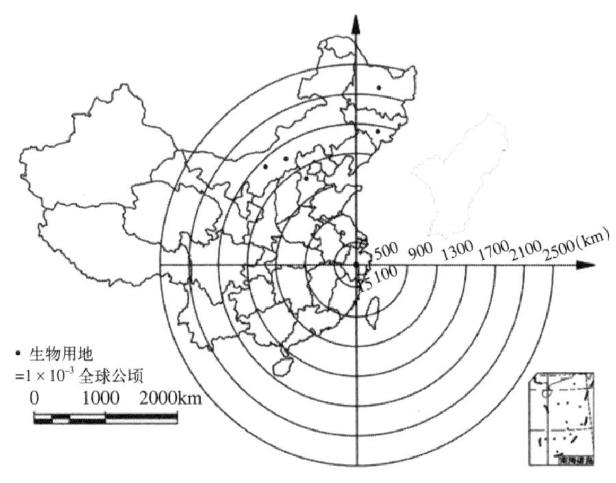

图 4-5 飞地型——义乌奶类用地版图

4. 边缘—飞地型

边缘—飞地型模式表现为用地既均匀分布于以城市核心区为中心的周边，又集中分布于远离城市核心区的某一区域。现实中很多用地是这样的模式，如单要素生态资源用地，谷物、豆类、水产品、木材等都属于这种模式，见图 4-6。

4.3.2 空间模式形成机制

城市生态版图空间模式的形成是一个由外因和内因相互作用的复杂过程。外因是指影响城市空间变化的外部条件，诸如信息化、全球化、区域经济一体化的城市发展宏观背景，社会改革带来的一系列政策变化；内因是指城市内部自身发生的功能、构成要素、结构等的变化，包括城市职能的转变，社会经济

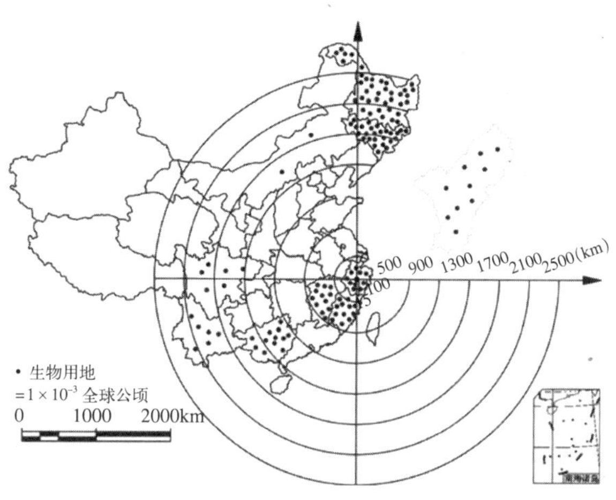

图 4-6 边缘—飞地型——义乌木材用地版图

文化要素、交通条件以及相关政府政策与规划控制的改变。综合来说，城市生态版图空间模式的形成是在内因与外因的交互影响下逐步形成的。

1. 外因

1）经济与信息全球化

随着全球化市场进程的加快，生产要素如商品、资金在全球范围内广泛流动，随之引发的国际、区域劳动地域分工，空间结构重组，出现了大量的区域经济组织以及新型城市功能区域，包括如工业园区、农业园区、技术开发区等，极大地促进了城市功能和规模的改变，很大程度上影响着城市用地的需求类型和总量，从而改变了城市生态版图的空间模式。信息技术的革新一方面带来了信息产业的发展，使得城市生产空间组合方式及地域上分散化，促使着新型功能区域（如创新产业园区）的出现，改变着城市对资源的需求类型；另一方面，信息化还表现为观念上的巨大转变，区域竞争优势不再依赖传统的资源赋予，而是寻求外部更多的廉价资源，也就形成了资源的选择多样化，为生态外部性占用提供了可能性，同时，也为其他区域侵占本区域资源提供了更多的可能性。

2）快速城镇化与区域经济一体化

快速城镇化产生新的功能空间和土地利用模式，影响着城市规模的扩张与收缩，同时出现的人口、非农产业向城市经济区域的集聚，改变了城市原有的生态空间占用方式和利用方式。依据城市竞争优势，迅速集聚来自周边乃至遥远区域的生物资源，明显影响着城市生态版图的空间模式。区域经济一体化作为区域间经济竞争的产物，造成了经济策略的改变，区域之间追求经济利益最大化带来了交易成本的降低、生产要素的自由流动、专业化分工的规模经济等，进而反映出城市对各种城市生态版图用地的选择和利用模式的改变。

3）科学技术的发展进步

随着现代科学技术的不断进步，各类用地的生产能力逐步提高，支撑城市发展的空间用地在空间分布和结构上出现明显变动；特别是高新技术对交通工具的巨大促进，系列新型交通工具的进步和更新替代，使城市间空间距离限制性的减弱以及空间扩展速度的加快，“空间变小”成为必然结果。综合来看，技术的革新和交通运输速度的提高，为城市生态占用由核心到边缘、由边缘到遥远区域提供了极大的可能性。

4）经济制度改革

社会主义市场经济体制的逐渐完善，极大地影响着中国城市的运作机制和发展规律，使城市发展方式由单一的政府计划性建设转变成由市场与政府等多种力量共同作用下的城市开发建设。市场经济主导性的强化，带来了区域竞争的不断增强，城市对资源类型和数量的转变，则由原先的边缘型向区域联系越来越密切的边缘—飞地型等模式转变。

5）土地与户籍制度改革

计划经济时期土地实行单一的行政划拨供给方式，缺乏流动性与灵活性，土地资源在空间上配置不尽合理。改革开放以后，城市土地使用权市场的启动，土地分配和转让方式的日趋多样化，带来了城市生态版图用地的协调和有效配置，改变了传统关于土地资源核心型的利用方式。随着户籍制度和管理制度的改革，大量流动人口进驻城市，形成对城市发展资源的大量需求，城市生态版图用地规模剧增。

2. 内因

1）特定人文地理环境

城市坐落在具有一定自然地理特征的地表上，被约束在一定的行政区划范围之内，形成、建设、发展都与自然地理因素有密切关系。地理位置、地质、地形、地貌、气候、水文、资源等自然地理要素交叉组合构成城市存在与发展的物质基础。自然地理环境成为生态版图模式的重要基础条件，如，平原地区的城市，多山的河网密布地区的城市。科学技术的进步削弱了自然地理环境对城市生态空间利用的影响，但仍是考虑生态版图空间模式的重要因素。

2）城市职能与市场经济

城市职能是城市生态版图形成的核心内因动力，例如以生产功能作为城市主导职能的工业城市，以服务业为主导职能的旅游城市和金融城市，由于消费的资源构成与数量不同，其城市生态版图空间结构也存在巨大差异。同时，不同时期的经济发展水平和市场运营手段，改变着生物性生产用地类型的组合方式，对城市生态版图空间结构也同时具有巨大的影响。

3）社会人文

一方面，人文精神的回归，历史传统的日益重视，近年来城市在大规模工业建设和城市改造方面对传统文化的反思，形成加强历史街区、文化产业遗存保护的统一认识，从而造成城市内部建设用地的不断缩小，新建设用地土地资源急需依靠外部供给补充。另一方面，社会经济的发展，居民对居住环境、消费环境、工作环境等提出更高要求，促使城市新生态空间、游憩休闲空间的产生，这时城市也必须将一部分内部性空间占用通过生态空间用地的形式转嫁到外部。

4）城市重大项目的触媒效应

城市重大项目建设，例如机场、轨道交通等重大城市基础设施的建设使城市相关功能增强和综合竞争力提高，促进新产业空间的出现和大范围城市空间剧变，在一定程度上明显地影响着城市生态版图空间结构。

◎ 4.4 城市生态版图用地空间分布

用地空间分布是城市生态版图空间结构的核心研究内容之一，并从定量化层次分析城市生态版图用地的空间分布规律，城市生态版图心距与心距层是本研究提出的用来分析城市生态版图用地空间分布的定量化指标。

4.4.1 城市生态版图心距

心距是指城市发展消费的各种生态系统服务从生产地到消费地之间的空间直线距离。任一种生态资源都有生产地与消费地，所以都会存在心距；同时，不同的生态资源层次也具有其相应的心距，如生物资源、能源资源、空间资源都具有其心距。心距的计算公式为：

$$D=\frac{\sum_{i=1}^{n}EF_i \cdot d_i}{EF} \tag{4-1}$$

其中 D 为心距；EF_i 为支撑某生态资源所需要的第 i 种土地类型总量；d_i 为 EF_i 从生产地到消费地的空间直线距离；n 为土地类型数；EF 为土地总量。通过上面的公式，只要知道 d_i 与 EF_i 的数量，就可以计算出城市生态版图心距 D 的值。心距是一个矢量指标，不仅具有数量大小，而且还具有方向。城市生态版图心距数值越大，表示其所利用的生态资源生产地与消费地的空间距离越大，其空间运输距离越大。

4.4.2 城市生态版图心距层

心距层是指以城市中心为原点，以不同心距为半径而形成的不同同心圆，这些同心圆就是心距层。构建心距层有两个目的，一是因为构建了不同的心距层，对分布在不同心距层的用地分布可以直接统计，其计算内容可以直接为后面分析城市生态版图空间结构提供参考数据；二是由于有目的地构建相同结构的心距层，分析结果可以在不同城市之间进行比较研究。

◎4.5 城市生态版图空间用地平衡分析与分类

4.5.1 城市生态版图空间用地平衡分析

城市生态版图用地平衡分析是指城市行政区所能提供的用地与城市生态版图用地需求之间的平衡关系分析。用地平衡分析分两个层次：考虑流通率的用地平衡分析与不考虑流通率的用地平衡分析。不考虑流通率的用地平衡分析是指用城市行政版图内可支配与非可支配的所有土地量与城市生态版图的用地需求量进行比较分析，而考虑流通率的用地平衡分析是指只用城市行政版图内可支配的土地量与城市生态版图的用地需求量进行比较分析。城市生态版图用地平衡分析是城市生态版图应用于城市规划管理的核心内容之一，为城市规划管理提供了城市发展所需生态系统服务的供求状态。城市生态版图用地平衡分析涉及以下几个关键概念。

1. 用地盈余（Land Use Surplus）

将城市生态版图的用地需求量和城市行政版图所能提供的用地进行比较，如果城市生态版图用地需求量小于供给量，那么就是用地盈余。用地盈余表明城市发展所需要的生态系统服务处于城市行政版图土地供应能力范围之内，城市生态系统处于安全状态。

2. 用地赤字（Land Use Deficit）

将城市生态版图的用地需求量和城市行政版图所能提供的用地进行比较，如果城市生态版图用地需求量大于供给量，那么就是用地赤字。用地赤字表明城市发展所需要的生态系统服务超过城市行政版图土地供应能力范围，要满足现有城市发展的消费需求，要么通过消耗自身的自然资本，要么从城市行政版图之外进口所欠缺的资源来弥补生态系统服务供给量的不足，城市生态系统处于不安全状态。

3. 用地平衡（Land Use Balance）

将城市生态版图的用地需求量和城市行政版图所能提供的用地进行比较，

如果城市生态版图用地需求量等于供给量，那么就是用地平衡。用地平衡表明城市发展所需要的生态系统服务等于城市行政版图土地供应能力范围。

4. 流通率（Circulate Rate）

流通率是指城市行政区内流出生态资源量与生态资源总产量之百分比。其计算公式为：

$$R=\frac{\text{流出生态资源量}}{\text{生态资源总产量}}\times 100\% \tag{4-2}$$

R 值在 0% ～ 100%，R 值越大，表明城市内部生态资源外流量越大。城市存在生态资源外流，不能确定城市就是用地盈余，因为当用地结构失衡时，虽然整个城市是用地赤字的，但城市仍然存在生态资源外流。例如义乌，虽然其猪肉与禽肉出现外流，表明其耕地充裕，但由于水域与能源用地短缺，义乌总体用地处于赤字状态。

4.5.2 城市生态版图空间用地平衡分类

通过前一节相关指标的构建与分析，可知城市生态版图空间用地平衡存在三种基本类型，即完全依赖型、半依赖型、自足型。理论上，完全依赖型城市生态版图是指城市发展消费的生态系统服务全部依靠外部输入，城市生态版图空间用地完全分布于城市行政版图之外，例如香港、新加坡、夏威夷等城市。实际中，完全依赖型是不存在的，因为建设用地，如城市绿化用地，居住用地不可能从外部空间获得。半依赖型城市生态版图是指城市发展消费的生态系统服务在一部分由自身生产提供的基础上，部分依赖城市外部输入，中国大部分中小城市属于这种类型；包括本文的实证研究对象义乌。自足型城市生态版图是指城市发展消费的生态系统服务全部由城市内部提供，城市生态版图空间用地完全分布于城市行政版图内，中国西部的部分中小城市属于此类型。城市生态版图中的建设用地版图、能源用地版图、生物用地版图，及更小类的谷物、豆类、蔬菜、猪肉等用地版图也具有相同的划分类型，完全依赖型、半依赖型、自足型三种类型分别见图 4-7 ～图 4-9。

需要特别说明的是，完全依赖型、半依赖型、自足型三种城市生态版图空间用地平衡分类法分两个层次：考虑流通率的用地平衡分析与不考虑流通率的用地平衡分析。不考虑流通率的用地平衡分析是指将城市行政版图内可支配与非可支配的所有土地量与城市生态版图的用地需求量进行比较分析，即默认城市行政版图内所生产的生态系统服务都被城市本身所消费，或是在完全满足城市自身消费的基础上，才会出现生态系统服务输出；而考虑流通率的用地平衡分析是指只将城市行政版图内可支配的土地量与城市生态版图的用地需求量进行比较分析，即只认为城市行政版图内被城市本身消费的生态系统服务才被计算为城市行政版图内部的城市生态版图空间用地，而所有输出的生态系统服务不作为城市行政版图内部的城市生态版图空间用地。本文三种类型的划分方法，及实证研究中采用的计算方法都采用了考虑流通率这一假设条件。

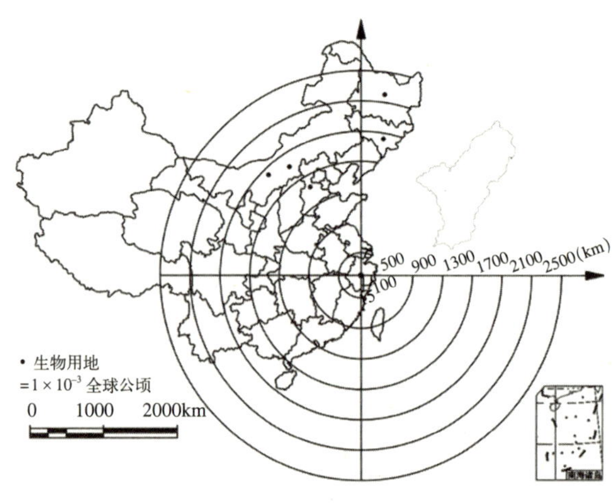

图 4-7 “完全依赖型”——义乌奶类用地版图

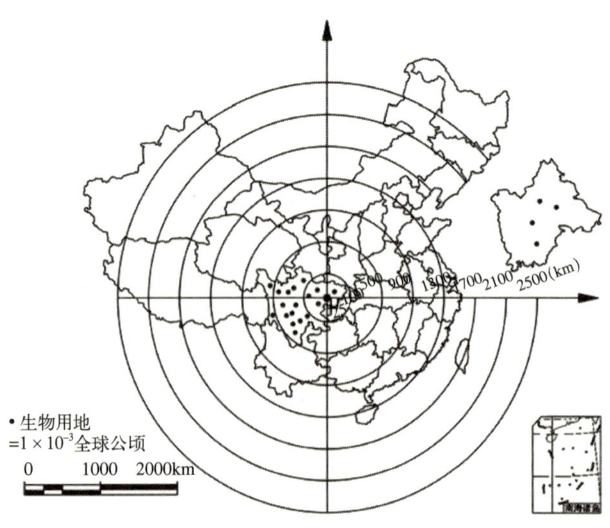

图 4-8 “半依赖型”——南充蔬菜用地版图

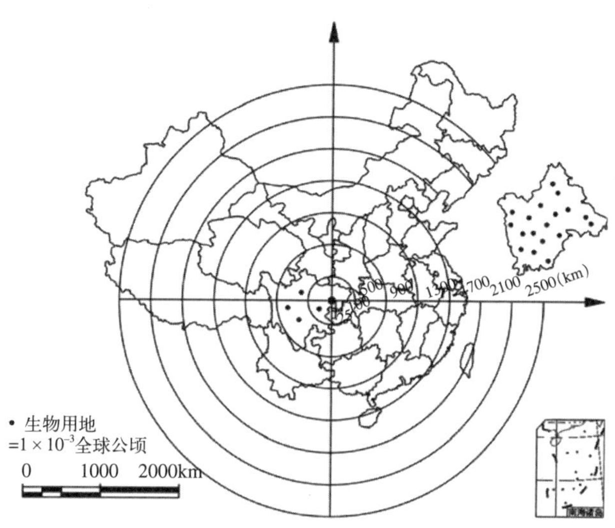

图 4-9 “自足型”——南充羊肉用地版图

◎ 4.6 城市生态版图边界

城市生态版图空间边界分析对深入研究城市发展内在机制有重要的现实意义，因为它涉及两个核心问题：一是城市生态版图边界的空间过程是怎样的；二是怎样的城市生态版图边界才是合理的。两个问题都涉及空间规划中的空间边界问题，或者说都涉及空间范围问题，这是空间规划中最重要、最基本的问题之一。

城市生态版图边界的空间过程是怎样的，这个问题的提出基于两个层面的发展观，一是基于系统性分析的城市发展观，二是基于全球化背景下的城市发展观。基于系统性分析的城市发展观认为城市发展与地球发展融为一体，相互作用，因而决定城市生态版图边界不会是一成不变的，而是处于动态之中；基于全球化背景下的城市发展观认为各个城市之间协作发展，进而影响整个全球，而全球发展决定了城市发展，这也决定了各个城市间的生态版图边界是处于此消彼长的动态过程。城市生态版图边界的合理性问题的实质是我们站在怎样的高度上来分析城市生态版图。发达城市由于其具有比较强大的经济能力，其生态版图可能快速膨胀与外延，大大超越自身的行政边界，这种纯市场经济作用下的结果可能会导致生态的非合理性，那么此时就会需要用另外一种边界来控制城市生态版图边界，或者说用另一个边界来评价城市生态版图边界的合理性；同样，一个相对落后的城市，由于其经济能力处于弱势地位，其城市生态版图不断收缩，远远小于自身的行政边界，这种情况也会可能造成生态环境方面的负面影响，那么以相应的经济政策措施来刺激城市生态版图边界的扩张也将成为可能。简而言之，就是城市生态版图没有固定的边界，却有合理的城市生态版图边界。

4.6.1 边界与城市生态版图边界

1. 边界

边界，是空间事物之间的分界。对于边界，地理学领域做了比较多的研究，由于地理学区域观念的差异，使得区域地理边界的认识也不一样，目前对边界或地理边界的主要观点有[1]：①地理界线是将地域单位加以区分的线或带。一般处于地理要素或地理综合体特征变化梯度最大的地段，按属性分为自然地理界线和经济地理界线两类（左大康，1990）。②地球表层空间内，被一个或一组地域要素相区别的地域单位之间的作用界面称为地理边界。其中地域要素成为划界因子，被划界因子区分形成的地域单位称为地理区。③地理界线反映了划分地理客体各组成要素的空间结构。界线是某一区域引退其显著特征时给出另一毗邻区域显著特征的地带。在一个二维地理连续体中，界线代表一个区域与另一个区域的过渡带（V·Y·苏瓦治夫,1983）。④潘赛在其《世界政治地理》（彦屈远译，1975）一书中，将（国际）界线定义为“一条表明国家领土范围的线”。⑤我国大多数经济地理学家认为经济地理区的界线是比较模糊的，具有一定宽度的带。

通过上面的分析可知，对边界的定义各不相同，这有研究对象不同的原因，也有研究学科与研究目的差异的原因，但其核心内涵是比较统一与肯定的，即边界是构成空间事物的基本要素，空间事物边界与空间事物是相辅相成的，后者是前者存在的基础，前者是后者存在的标志，存在差异的空间事物，就会存在可以识别的边界。

2. 城市生态版图边界

城市生态版图空间边界是指城市生态版图与非本城市生态版图的分界。城市生态版图定义为城市发展消费的各种生态系统服务在地球表层土地所形成的空间格局，所以城市生态版图边界具有明显的地理系统单元边界特征，城市生态版图空间边界可以从地球表面土地的地理系统单元中得到识别，如海岸线、山脊线、不同土地类型分界线等。同时，城市生态版图边界是由生物版图、能源版图、建设用地版图、水版图、氧版图等一系列分类版图边界的某一片段所组成，因此比其他自然地理单元边界相对更复杂。

[1] 于涛方. 中国“Global-Regions”边界研究——界定、演变与机制 [R]. 同济大学博士后出站报告，2005.

4.6.2　城市生态版图边界特征

城市生态版图是一个综合的版图，是由生物版图、能源版图、建设用地版图、水版图、氧版图等一系列分类版图叠加而成的，所以城市生态版图边界是由各个不同的分类版图边界组成的，这就决定了城市生态版图边界的动态性、多样性、非连续性，其具体表现如下：

（1）动态性。城市发展消费处于不断的发展过程中，不同时间段具有不同的生态系统服务消费规模与消费结构。同时，在城市发展的过程中，城市的生物版图、能源版图、建设用地版图、水版图、氧版图等一系列分类版图也具有自身的消费规模与消费结构。因此，城市发展消费的阶段性与动态性也决定了整体城市生态版图空间边界的动态性。动态性是城市生态版图边界最重要的特征之一，也决定了我们必须用发展的眼光来观察城市，如以城市行政边界范围内的资源来确定城市发展规模，有时理论计算结果与现实情况相差巨大，实质就是静态行政边界与动态城市生态版图边界之间的矛盾。

（2）多样性。城市生态版图边界的多样性特征有两个方面的内涵，一是边界形态的多样性，二是边界属性的多样性。城市生态版图由一系列分类生态版图构成，其边界也是由一系列分类生态版图部分边界组成，而分类生态版图的边界是多样的，建设用地版图边界多为直线状，而水版图边界呈曲线状，因此也决定了城市生态版图边界形态的多样性。同时，城市生态版图边界是由生物版图、能源版图、建设用地版图、水版图、氧版图等一系列分类版图的若干片段组成的，所以城市生态版图边界的某一部分具有生物版图边界属性，而某一部分具有建设用地版图边界属性，这也决定了城市生物版图边界属性的多样性。

（3）非连续性。城市生态版图边界的非连续性并非指边界出现断面，而是出现了多个层次的边界，而这些边界不是连在一起的。首先，城市生态版图并非一个实心的空间单位，而是存在很多“气泡”状，被其他城市占用的空间单元，这些“气泡”状空间单元边界其实也是城市生态版图边界；其次，城市也占用到外部大量的生态空间，形成大量的“气泡”状城市生态版图单元，而这些独立的空间单元边界也是城市生态版图的边界。

4.6.3　城市生态版图边界层次性思考

城市生态版图由生物、能源、建设用地、水、氧五个分类生态版图构成，其边界是由这五个分类生态版图边界的若干片段组成。从目前来看，除建设用地版图边界没有超越城市行政边界外，能源版图、生物版图、水版图、氧版图都有可能超越了城市自身的行政边界，这表明城市发展消费不仅消耗了城市行政区内的生态系统服务，同时也消耗了城市行政区外的生态系统服务。城市生态版图边界超越城市行政边界，合理与不合理仍需要不断深入研究，从目前的研究成果来说，还没有定论。首先，城市的发展受到行政划分的影响，但却不是唯一的因素，其发展是微观与宏观环境影响的共同结果。即行政边界划分的合理性基础就不牢靠，所以城市生态版图边界超越行政边界合理与否的问题就存在很多不确定的因素，或者说城市生态版图边界超越行政边界合理与否可能是个假问题；其二，从经济角度来考察，城市全球化，即全球范围内资源的城市共享是城市的发展趋势，也是被世界所认可的发展潮流，但从生态安全来考察，城市应从自身的环境资源承载力来规划城市发展消费，减少对外部资源的侵占。因此，城市生态版图边界超越城市行政边界的合理性在不同层面会有不同结论。

◎ 4.7 城市生态版图空间边界动态性与城市适度规模思考

4.7.1 城市适度规模的探讨

1. 城市规模的定义

城市是空间经济体系格局与社会经济活动在自然环境空间上聚集的结果，而城市规模则是这种结果的度量，是指在城市地域空间内聚集的物质与经济要素在数量上的差异及层次性，它主要包括城市人口规模、经济规模、土地利用规模这三个互相关联的有机组成部分。一定的经济规模吸纳着一定的人口规模，而一定的人口规模又要求有一定的土地规模，三者相互作用、互为因果。

2. 城市适度规模的内涵

伴随城市发展而出现的城市问题，给人们提出了城市规模的合理性问题，即城市适度规模问题。城市必须具有一定的规模才能发挥城市特有的聚集经济和规模效益。规模过小的城市，规模收益很低，而外部成本很高，经济效益较差。一个城市的人口规模究竟以多大为宜？众多学者对此早有思考。在古希腊，柏拉图（Plato）就曾经提出，一个城市的人口规模不应超过市中心广场的容量，这个规模大约是 5040 人。19 世纪末，英国学者霍华德（E · Howard）在“田园城市”理想模式中，认为中心城市人口应为 58000 人，而外围则是人口各为 32000 人的六个田园城市。前苏联工程经济学家达维多维奇认为 40 万人是城市的最佳规模。英国的经济学家 E· 舒马赫指出，城市合适规模的上限大约为 50 万居民，十分明显，超出这个规模对城市的价值毫无增进。美国地理学家莫尔（R.L.Morrill）认为，当城市人口达到 25 万～ 35 万人时，既可有较强的实力，成为相对独立的区域中心，设施完备，产生工业聚集效益，又可避免大城市的严重弊病。法国学者戈必依1922年则设计出了30万人的"理想城市"。由此可见，相当一部分学者认为，在城市发展中存在一个最优规模，城市人口规模是城市发展和规划中不可回避的客观现实问题。关于城市适度规模的评判标准，目前的分析主要从经济的高效性、生态环境的可持续性两方面来进行研究，并概括出以下城市适度规模应具有的内涵：

（1）城市的经济规模是合理的。从经济角度讲，城市适度规模是指城市的发展规模必须符合城市人口增长的自然规律与经济规律，能够使城市各方面活动做到低消耗、高效率，为生产事业的发展和居民的各项活动提供方便与良好的条件和环境，并取得良好的经济效果、社会效果和生态环境效果。即城市适度规模就是使整个城市系统在相同投入时取得最大收益或在收益相同时付出最小成本的规模水平。

（2）城市复合生态系统的平衡发展。城市规模的适度性体现在城市复合生态系统的平衡性上，经济、社会、自然三要素相互作用、平衡发展是构成城市适度规模内涵的基础。一定的经济规模要求相应的人口规模，经济、人口规模要求相适应的用地规模，三者在发展中的互相适应，形成了城市的基本规模。同时，城市不只是经济中心，它还具有文化、教育、科技、医疗等中心的功能，从而具有必要的规模及相应的人口规模，包括这方面的流动人口规模和用地规模。适度的城市规模就是要正确处理经济、文化、政治及人口、用地几个规模构成因素之间的关系及同生态环境的关系，使这些因素按最经济合理的要求结合起来。

（3）不存在静态的城市最优规模，只存在动态的城市适度规模。多样的经济发展水平，差别的区位条件，不同的研究目的会导致衡量城市适度规模的尺度迥然而异。城市规模存在聚集"度"的界限，这种聚集度的客观存在是由一定时期城市区域的经济发展水平决定的，但却不是所谓的"城市最优规模"，尤其不存在一个人为设定的城市最优规模水平。因为从动态观点来看，城市发展总是处于一种动态均衡中，以静止的观点来观察和规划这种动态均衡过程，是违背城市规模变动规律的。因此，不存在静态的城市最优规模，只存在动态的城市适度规模。

（4）可持续性是城市适度规模的核心标准。资源得到最充分的利用、环境得到最有效的保护、生态系统可持续发展是城市适度规模的核心评判标准。

3. 城市适度规模的理论探讨

城市适度规模问题的思考起源于古希腊，柏拉图就曾经提出，一个城市的人口规模不应超过市中心广场的容量，这个规模大约是5040人。而在19世纪末，英国学者霍华德在"田园城市"理想模式中，认为中心城市人口应为58000人，而外围则是人口各为 32000 人的六个田园城市，是对城市适度规模的具体研究。此后对此问题的理论研究众多，这些关于城市适度规模的基础理论主要可概括为两大类，即以成本为核心的最小成本理论和以效益为核心的聚集经济理论。最小成本理论是最早有关最优城市规模的理论之一，它认为城市适度规模（城市人口规模）是人均成本的函数，其中，成本主要包括城市服务设施的投资成本与城市运用成本等，研究发现城市规模与人均成本之间呈现“U”形关系。最小成本理论在解释最优城市规模方面虽具有一定的说服力，但仍存在一定的局限性，这些局限性突出地表现为：不同的成本口径、分析期间、分析对象、分析方法将得出不同的结果；另外，最小成本理论不考虑城市规模收益等问题。一般而言，城市规模与人均成本之间呈现 U 形关系，但是最小成本理论存在一些缺点。

RichardsonH.W.（1972 年）对最小成本理论的批判概括为：第一，最优城市规模并不单纯是公共成本的函数；第二，除经济因素以外，接近度、保健、犯罪和安全等非经济因素的影响也重要，而这些因素取决于社会偏好函数，但是实际上最难以求解；第三，最优城市规模并不是静态的，而是动态的。因此，RichardsonH.W. 指出最小临界规模或城市规模的范围概念。

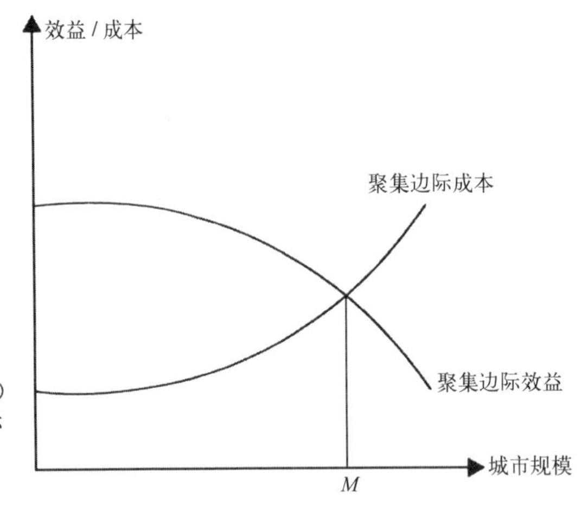

图 4-10 城市规模边际效应

AlonsoW.（1970 年）提出生产和成本双方面的成本收益理论，其基本模型的横轴是城市人口规模，而纵轴是成本，类似于微观经济理论的生产曲线，见图 4-10。从图中可以看出，在 *M* 点的左侧，随着城市规模的扩大，它所产生的聚集边际效益大于所耗费的边际成本，即产生正的聚集效益；随着城市规模的扩大，聚集边际效益呈现下降趋势，而聚集边际成本则随之上升，到达 *M* 点时二者正好相等，此时的城市规模是最佳的城市规模。在 *M* 点的右侧聚集边际成本大于聚集边际效益，产生负的聚集效应，所以超过 *M* 点的城市规模是聚集不经济的城市规模。

城市适度规模理论在城市化快速发展的过程中具有重要的理论和现实意义。目前，已有研究成果要么根据聚集经济，要么根据聚集不经济来估计城市的适度规模，没有综合考虑聚集经济和聚集不经济，属于局部均衡分析，对最优城市规模的估计有一定的局限性，现有研究还存在一定的缺陷。同时，对城市适度规模的生态效率，即对生态成本因素的忽视，造成对城市适度规模评判标准的严重缺失，这将是今后城市适度规模研究的一个重要切入点与重要研究方向，因为可持续发展已成为城市发展最为核心的价值观。

4.7.2 城市生态版图空间边界动态探讨

1. 城市生态版图空间边界动态性及其生态效应

城市生态版图空间边界是指城市生态版图与非本城市生态版图的分界，而城市生态版图定义为城市发展消费的各种生态系统服务在地球表层土地所形成的空间格局，所以城市生态版图边界具有明显的地理系统单元边界特征，城市生态版图空间边界可以从地球表层土地的地理系统单元中得到识别，如海岸线、山脊线、不同土地类型分界线等。城市发展消费处于不断的发展过程中，不同时间段具有不同的生态系统服务消费规模与消费结构。同时，在城市发展的过程中，城市的生物版图、能源版图、建设用地版图、水版图、氧版图等一系列分类版图也具有自身的消费规模与消费结构。因此，城市发展消费的阶段性与动态性也决定了整体城市生态版图空间边界的动态性，动态性是城市生态版图边界最重要的特征之一。在第 5 章“城市生态版图空间动态过程”中详细分析并总结出城市生态版图空间边界动态过程会产生生态效率、生态质量、生态安全、生态公平四个方面的城市生态效应。

2. 合理城市生态版图内涵及其实现途径

根据城市生态版图空间结构动态性的动力机制与生态效应，并以城市可持续发展为核心价值目标，即在城市生态持续性发展的基础上，实现城市发展的生态正面效应，确定了合理城市生态版图的基本内涵，主要由四个方面构成：高效的生态资源消费、优质的城市生态质量、零值的城市生态风险、公平的生态消费。通过生态版图空间结构动态性的生态效应机制的研究可知，城市生态版图心距的大小与城市生态质量、生态安全、生态公平存在密切联系，因此调节城市生态版图心距是实现城市生态版图价值的途径。同时，城市生态版图空间结构具有动态性与不确定性，其空间不仅分布于城市行政区范围内，同时也大量分布于行政区范围外，城市生态版图空间结构的形成是一个由外因和内因相互作用的复杂过程，城市生态版图空间结构是在内因与外因的交互影响下逐步形成的。虽然城市发展消费的各种生态系统服务是全球性的，但城市可以从其可以支配的空间范围来研究与构建其合理的城市生态版图，即合理城市生态版图实现的基本原则是以城市行政边界为城市合理生态版图边界的参考边界，以城市行政边界内生态资源确定城市发展的合理规模。

4.7.3 基于合理城市生态版图下的城市适度规模思考

综合前面所述，城市客观存在其适度规模，而适度规模的核心问题是适度的评判标准，目前对城市适度规模的评判是从经济效益角度来进行。但随着城市规模的增大，科技水平的提高，以及人类对生态资源利用的剧增，生态破坏与环境污染问题越来越严重，以生态环境可持续发展为价值导向的城市适度规模评判标准成为研究热点，而合理城市生态版图下的城市适度规模分析就是对这一研究热点的思考。第 5 章“城市生态版图空间动态过程”总结到，城市生态版图空间动态过程会产生生态效率、生态质量、生态安全、生态公平四个方面的城市生态效应，即城市生态版图扩张，心距变大，生态资源空间运输成本提高，生态效应下降；城市生态版图扩张，心距变大，城市生态版图面积总量提高，生态储备丰度下降，城市生态质量下降；城市生态版图扩张，心距变大，空间运输时间与距离拉长，生态风险增大，城市生态安全下降；城市生态版图扩张，心距变大，形成生态资源跨区域占用，从而导致区域间城市生态消费与利用不公平。基于城市生态版图空间动态过程的城市生态效应分析，合理城市生态版图下的城市适度规模提出了其具体的价值导向，即高效的生态资源消费、优质的城市生态质量、零值的城市生态风险、公平的生态消费，也就是基于合理城市生态版图下的城市适度规模评判标准。

高效的生态资源消费、优质的城市生态质量、零值的城市生态风险、公平的生态消费的合理城市生态版图通过对城市生态版图心距的调控来实现，具体要求是城市生态版图心距尽可能向零值靠近，即城市生态版图尽可能落在城市行政版图内，城市生态版图边界尽可能不超越城市行政边界。而不超越城市行政版图的城市生态版图实质就是以城市行政区内的生态资源来设定城市规模上限，即城市合理规模不能超过城市行政区内生态承载力所能承载的城市规模。同时要特别强调的是，合理城市生态版图为城市适度规模提供的是一个适度规模参考上限，而不是一个适度规模参值。综合分析，城市生态版图空间边界动态性是客观存在的，但其扩张与收缩并不是无限制进行的，其存在合理的空间边界或动态过程，因此城市规模不存在合理的无限扩张。同时，基于城市合理生态版图的城市适度规模分析只是为城市适度规模提供一个研究视角，只是城市适度规模众多评判标准中的一个参考因素，并不能依此而得到什么才是城市适度规模的结论。

第5章

城市生态版图空间动态过程

城市生态版图的空间动态性是城市生态版图理论的核心研究内容，其实质是为了探讨城市生态承载力支撑体系与压力体系的空间特征问题，通过城市生态版图的空间动态性来理解城市发展与城市生态占用之间的内在联系。城市生态版图的动态性研究涉及四个方面的内容：生态版图空间动态过程的界定、生态版图空间动态过程的度量、生态版图空间动态过程的动力机制、生态版图空间动态过程的生态效应。

◎ 5.1 生态版图空间动态过程的界定

空间动态过程是指空间结构或空间数量处于不断变化的过程。那么生态版图空间动态过程是指生态版图空间结构或空间数量处于不断变化之中的过程，而城市生态版图心距发生变化是其最为明显的特征之一，见图5-1。城市生态版图动态过程含有三个方面的内涵。

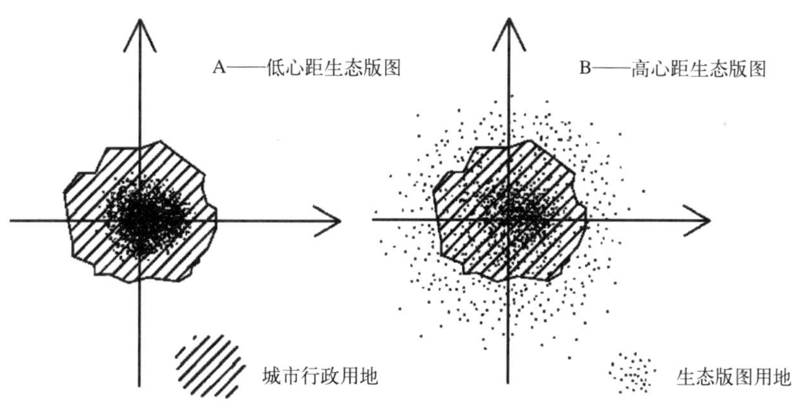

注：假设相同面积的生态版图，A为低心距生态版图，B为高心距生态版图，A与B两种状态之间的转换即为城市生态版图静态的扩张与收缩过程。

图5-1 低心距与高心距生态版图示意图

5.1.1 空间结构处于变化之中

城市生态版图由建设、生物、能源、水、氧等用地构成，随着城市的不同发展阶段，用地的构成比例、空间分布都会发生改变，甚至会增加另一种我们现在还不知道的用地。即使同一规模的城市，由于城市性质不同，其各种用地结构也不尽相同。

5.1.2 空间数量与总量处于变化之中

城市生态版图随着城市的发展，各种用地的各自数量及总量都会发生变化，这是由城市发展对生态资源的需要，以及城市获得生态资源的能力来决定的，而不是由城市行政区内生态资源决定的。

5.1.3 非实心且无固定边界

城市生态版图并非实心向外扩张，更多的是以跳跃的方式向外扩张，所以生态版图以城市建成区为中心向外呈点星状无固定边界分布。由于城市发展是一个不断变化的过程，所以支撑其发展的城市生态版图也是处于一个动态的过程，因此城市生态版图边界总处于动态变化之中，与静态固定的城市行政版图边界完全不同。

◎ 5.2 生态版图空间动态过程的度量

生态版图空间动态性是指生态版图空间结构或空间数量处于不断变化之中的特征，即城市生态版图动态过程是指城市生态版图的各种用地远离或靠近城市核心区的过程，城市生态版图心距与城市生态版图面积的变大或缩小过程。城市生态版图的扩张与收缩可以通过心距、面积、空间模式、用地类型等四个方面的动态特征体现，而其中心距与面积是核心的量化指标，具有相对高的度量价值。同时根据本文研究的重点在生态版图的空间过程，所以本文以心距来度量城市生态版图的扩张与收缩，并重点以生态版图心距与生态版图面积来研究城市生态版图动态过程。

5.2.1 城市生态版图心距

心距是指城市发展消费的各种生态系统服务从生产地到消费地之间的空间直线距离。城市生态版图动态过程就会导致其心距的改变，而心距的改变是反映城市生态版图空间结构变化最为综合与直接的指标。

5.2.2 城市生态版图面积

城市生态版图面积是反映城市生态版图动态过程中用地总量变化的指标。城市生态版图面积与城市生态心距之间是紧密联系的，一般情况下，城市生态版图心距的改变，会直接导致城市生态版图面积的改变。

5.2.3 平衡动态过程与非平衡动态过程

城市生态版图的变动，必然会影响到其空间结构、心距与面积中的一个或全部，影响程度不同，生态版图的动态过程也不一样，即分为平衡动态过程与非平衡动态过程。城市生态版图平衡动态是指生态版图面积不变，空间结构和心距改变；城市生态版图非平衡动态是指生态版图面积改变，空间结构和心距也改变。通过平衡动态过程与非平衡动态过程的界定，在城市选择生态发展策略时有很好地参考作用。

◎ 5.3 生态版图空间动态过程的动力机制

5.3.1 动态过程的动力构成

生态版图动态性的具体表现就是城市生态版图的扩张与收缩过程，城市生态版图的扩张与收缩是由两种力量作用的，本书称之为扩张力与收缩力。扩张力是指远离城市核心区到外部获得生态资源的动力，收缩力是指阻止城市远离城市核心区到外部获得生态资源的动力。扩张力与收缩力都是合力，它们分别由一系列的分力共同作用，并会随着城市的发展而发生变化。扩张力和收缩力是一对相互制约、互相依存和相互平衡的力量，两种力量可能由城市内部发出，也有可能由城市外部推动，可以是主观因素形成的，也有可能是客观因素促成。没有绝对的扩张力，也不会出现无缘由的收缩力。扩张力与收缩力的动力因素构成见表 5-1。

5.3.2 扩张力影响因素分析

扩张力形成的深层原因是生态资源短缺。资源短缺是指城市行政版图内的生态资源不能满足城市发展的需要。现实中，城市不可生产自己所需要的生态资源，很多产品是从外部获得，同时自己也为外部提供很多的生态资源。当一个城市发展所需要的某一生态资源超过自身的生产能力时，城市就会到行政版图以外的地方去获得。资源短缺是生态版图扩张力形成的最深层和实质的原因，而资源短缺又主要是由城市发展、生态外泄、生态偏好三个方面原因促使形成。

城市生态版图动力因素构成 表 5-1

合力	分力因素	因素
扩张力	城市发展	建设用地增加
		生物资源消费增加
		能源消费增加
	生态外泄	技术与资本短边
		生态资源单一
	生态偏好	城市郊区化
		提高生态储备丰度
收缩力	显性成本	交通成本
	隐性成本	时间成本
		风险成本
		社会成本

1. 城市发展

城市发展势必造成人口规模、用地规模、产业规模的增长，从而导致建设用地、生物资源、能源消耗的加大，造成城市生态资源短缺，从而导致城市生态版图向外扩张。下面从城市发展与建设用地增加、生物资源消费增加、能源消费增加三个方面分析城市生态版图扩张的原动力。

1）建设用地增加

城市发展的历程表明，城市的各种经济活动最终都要落实到一定的空间形式上。城市发展过程中，厂商和居民的各种经济活动在空间上的投影就形成了一定的城市土地空间结构，它是城市经济发展程度、阶段、内容的空间反映。1990 年以来国内一批学者对我国城市用地空间结构的演变做了大量研究工作(周一星等[1]；唐子来等[2]；吴志强等[3]；胡俊等[4]；刘盛和[5]；吴国兵等[6])。主要结论为随着城市化进程的推进，城市用地规模呈现出明显的外延扩展态势，1981 年，我国城市建成区总面积为 7438km^2，而到 2002 年城市建成区总面积增至 30578.27km^2，为 1981 年的 4.11 倍，人均用地面积也由 1981 年的 74.1m^2 增至 125.17m^2，比 1981 年增加 68.92%[7]。

从另一个方面来分析，也证明建设用地随着城市发展而急剧扩张，即城市

[1] 周一星，孟延春 . 中国大城市的郊区化趋势 [J]. 城市规划汇刊，1998（3）：22-27.
[2] 唐子来，栗峰 .1990 年代的上海城市开发与城市结构重组 [J]. 城市规划汇刊，2000（4）：32-37.
[3] 吴志强，姜楠 . 全球化理论的实证研究：上海城市土地开发空间布局的特征 [J]. 城市规划汇刊，2000（4）：38-46.
[4] 胡俊，张广暄 .90 年代的大规模城市开发——以上海市静安区为例 [J]. 城市规划汇刊，2000（4）：47-54.
[5] 刘盛和 . 城市土地利用扩展的空间模式与动力机制 [J]. 地理科学进展，2002，21（1）：43-50.
[6] 吴国兵，谭盛源 . 论集聚经济效益与城市地域结构的演变与优化 [J]. 现代城市研究，2001，4（89）：8-11.
[7] 袁丽丽 . 城市化进程中城市土地可持续利用研究 [D]. 武汉：华中农业大学 [博士学位论文]，2005.

发展对耕地的占用情况。改革开放以来，我国城市化的快速发展已经给耕地保护带来了巨大的挑战，城市化的发展导致耕地数量大量减少[1][2]。据统计，1995 年全国 650 个城市的建成区面积达 19264km^2，是 1981 年 233 个城市建成区面积的 2.59 倍；15043 个建制镇用地 151947km^2，是 1990 年 10126 个建制镇用地的 1.86 倍[3]。城镇化水平增长一个百分点，城市建成区面积就扩大 153 万亩，耕地就减少 615 万亩。不仅如此，我国在向第二届联合国人居大会提交的报告中提出，2010 年我国的城市化水平将从 1995 年的 29% 提高到 45% 左右；如果按照 2000 年的城市化水平 36.2% 计算，届时城镇化水平将提高 9 个百分点，耕地损失将达到 5535 万亩[4]。

综合分析，城市发展必然带来城市建设用地的增加，同时这些用地来源于城市周边耕地，结果是城市所需的生物资源依靠离城市更远的区域来提供，从而导致城市生态版图的扩张。

2）生物资源消费增加

城市人口规模的增大是城市发展的核心特征之一，而人口规模的增大直接导致的结果是生物资源消费规模的增大。分布于城市周边的耕地有限，同时又被城市建设用地占用，虽然耕地单位面积生物资源产出也在不断提高，但其速度跟不上城市人均生物资源消费与城市人口规模增大的双重加速。总体分析，城市发展中的人口规模增大是导致城市生态版图扩张的核心推动力之一。

3）能源消费增加

能源消费增加是当今城市发展最为明显的特征之一，人口规模增大、人均耗能增加、工业耗能增加是核心原因。从 1961 ~ 2003 年，中国人均能源消费急剧增加。这与这段时期内人均能源消耗同等程度的剧烈增加有关，已经增加 2 倍[5]，人均能源消费量与人口规模的双重增大将会推动城市生态版图的扩张。同时，城市能源消费占城市生态占用总量的百分比达 50% 以上，所以城市发展带来的能源消费增加是导致城市生态版图扩张的最大推动力。综合分析，城市发展所引起的城市建设用地增加、生物资源消费增加和能源消费增加都会推动城市生态版图的扩张，就当今中国城市发展而言，其中的能源消费的增速最大，其次是建设用地占用与生物资源消费。针对中国城市发展而言，控制城市能源消耗总量、控制城市建设用地占用增速对控制城市生态版图扩张具有直接效果。

---

[1] 王波．论县域经济与农村城镇化的良性互动 [J]. 东岳论坛，2004（6）：108-110.

[2] 周金堂．试论我国县域工业化与城镇化 [J]. 求实，2006（2）：41-43.

[3] 欧阳力胜．加快农村城镇化发展、扩大农村消费需求 [J]. 甘肃农业，2005（11）：18-19.

[4] 杜鹰．我国的城镇化战略及相关政策研究 [J]. 中国农村经济，2001（9）：21.

[5] 谢高地等．中国生态足迹的报告（2006 年版）[R]，2006.

2. 生态外泄

生态外泄是指城市行政版图内的生态资源流出大于生态资源流入，从而导致城市生态资源短缺。造成生态资源过度外泄的原因主要有两个：技术与资金短边和生态资源单一。技术与资金短边、生态资源单一造成的生态过度外泄，从而造成的生态资源短缺是一个不真实的现象，因为实际上城市本身的生态资源并不短缺。

1）技术与资金短边

技术与资金短边是指在劳动力、技术、资金、资源为四要素的生产关系中，技术与资金相对缺乏，从而过度依赖劳动力与资源的现象。落后城市的经济是以劳动力长边最大限度地替代资金、技术短边，超度地开发土地资源维持的（安虎森，2001）。在落后城市与地区，一方面，资金、技术要素极为稀缺，人均资金存量相对低；另一方面，人口增长很快，几乎每年以固定的速率提供劳动力，劳动力是生产经营者，同时是可以自由支配和控制的唯一的可变要素。因此，在落后城市，每一轮产出都是通过劳动力这一长边最大限度地替代资金、技术这一短边而实现的，也就是通过尽可能地扩大投入劳动力，对土地资源进行超强度开发来实现的。这种生产经营虽然大大降低了劳动生产率，严重破坏了自然环境，但有时可以扩大产出，即以出口生态资源为主的农业经济，变成生态外泄型城市，生态资源过度外泄，从而形成生态资源短缺。劳动力长边最大限度地替代资金、技术这一短边，正是落后城市与地区经济运行赖以维系的机制。由于每一轮的经营都是用扩大劳动投入来超强度地开垦有限的土地资源和开发有限的土壤有机质，致使生态环境进一步恶化。而生态环境的恶化，又迫使这些地区投入更多的劳动力。这样，就形成了难以遏制劳动力进一步扩展的恶性循环。其实，贫困地区目前所面临的形势比我们想象的还要严重，不仅经济实力以及人才、科技都无法和较发达地区相比较，而且，可流动资源大量外流，城市生态版图不断萎缩，环境不断恶化，这对落后城市与地区构成最严重、最直接的威胁。

2）生态资源单一

生态资源单一是指在建设用地、生产性用地、能源用地、水用地、氧用地五种生态用地的构成与城市所需要的生态用地构成不相匹配的现象。生态资源单一会使部分生态资源外流，部分生态资源需要外侵，从而导致推动城市生态版图的扩张。生态资源单一造成的城市生态版图扩张普遍存在，例如山西、内蒙古的一些产煤城市，新疆与黑龙江的一些产石油城市，我们国家一般称之为资源型城市。这些城市整体上能源资源非常丰富，人均折合而成的生态占用都比一般城市高出很多，但其生物资源绝大多数都是从外部进口，城市生态版图非常大，其生态问题也日渐增多。

3. 生态偏好

生态偏好是指对生态环境质量追求的提高。需要特别指出的是，这里所指的生态偏好是以城市为尺度的，即只考虑城市内部的生态环境质量，不考虑外部更大尺度的生态环境质量。城市生态偏好可通过两个方面来完成：①城市郊区化；②提高生态储备丰度。这两种行为都会推动城市生态版图的扩张。

1）城市郊区化

城市郊区化是城市人口、就业岗位、工商服务业等在大城市市区里由内向外、由市中心区向郊区拓展的过程。城市郊区化，村镇、开发区、工矿企业与城市相融，连成一片，几乎是城区、郊区紧紧相连、不分彼此了。从西方发达国家来看，城市郊区化所产生和带来的积极作用是极为相似的。其一，城市郊区化在一定程度上缓解了大城市中心区的人口过度集中、住宅紧张和交通拥挤状况，改善了城市的工作条件，促进了人地关系的进一步和谐；其二，注重区域社会经济发展的整体协调，通过制定和实施完善的区域规划，促使城市产业、部门在地域空间范围内的协调布局，有利于充分发挥城市在生产、流通、生活、消费等领域的整体功能；其三，改善了城市的环境质量。然而，城市郊区化建设并不符合我国国情，核心是使城市建设用地粗放，推动了城市生态版图的扩张，其主要表现为：①布局分散，城市整体规划相对落后。在城乡结合部（处于城市和农村的交叉地带），规划与管理出现“被遗忘的角落”和“真空”。②占地过多，土地利用粗放。在大规模的城市郊区化历程中，伴随着大量工业园区的向外迁移及城市居民楼房的兴建，每年都要建设新的公路或城市基础设施来满足城市扩张的需要。综合分析，城市郊区化是生态偏好作用的结果，但同时也推动了城市生态版图的扩张。

2）提高生态储备丰度

提高自然生态空间丰度是指把生产性生态用地转变成非生产性生态用地的现象。随着生态偏好价值观的提高，提高自身生态储备丰度成为一种实用而有效的途径，这是一种变相扩张自己的城市生态版图的方法，在发达地区，如长三角、珠三角很多发达城市都存在这种现象。很多发达城市与地区对生态越来越重视，很多湿地被保护起来，在退耕还林的地方尽量退耕还林，或者耕地被荒废（可能不是生态偏好的原因，可能是人力成本高，而农业收益低，即本地农业生产比较优势低），从而变成非生产性生态用地，这些都会提高城市生态储备丰度。大量生产性生态用地变成非生产性生态用地，由此而减少的生态资源就由城市外部来提供，从而扩大城市生态版图。

5.3.3 收缩力影响因素分析

收缩力形成的深层原因是跨空间占用成本，跨空间占用成本是指城市获得城市发展所消费资源的空间转运成本，包括显性成本与隐性成本。显性成本是指看得见的成本，如跨空间占用所消费的汽油、机械损耗、人工费等，而隐性成本是指看不见的在跨空间占用过程中形成的成本，如时间、风险成本等。

1. 显性成本

在现实世界中，“跨空间交易就会带来成本”，即存在“冰山交易”成本，“冰山成本”假设是萨缪尔森于 1952 年提出的，就是把运输成本看做是在运输途中一部分产品因为“溶解”而造成的损失。而这里所指的“冰山交易”成本就是运输成本中的显性成本。显性成本是生态版图空间收缩动力形成的最核心和最常见的因素之一。

2. 隐性成本

隐性成本相对于显性成本来讲，因其更具隐蔽性而受到人们的忽视，但却是不容否定的。由于空间与时间的拉长，生态资源在运输过程中会增加其出现各种风险的可能性，增加其不确定性，确定性的定价存在很多的技术性困难，但其具有价值并可定量化是可以肯定的。例如跨空间占用的道德隐性成本，在人口少而资源丰富的时代，这种成本被我们所忽视，但到近现代，由于人口剧增，跨空间占用水源会存在道德隐性成本，这已形成共识。隐性成本主要由时间成本、风险成本、社会成本等构成。

1）时间成本

时间成本是指生态资源从产地运输到城市消费地所需要的时间。由于不同的生态资源之间在体量、形态和重量方面差异很大，所以其空间运输的时间成本很难定价，但随着社会的发展，时间越来越重要，时间成本的隐性随着社会的发展而变得越来越不隐蔽。

2）风险成本

风险（Risk）被定义为不幸事件发生的可能性及其发生后果将会造成的灾害（Anne and Bennett，1999），而风险成本是指处理风险所需要的代价。生态风险就是生态资源在长距离运输过程中一个重要的风险。生态风险是近来关注的热点，这里的生态风险主要指由于空间距离的增加，从而增加了生态资源从产地到消费地（即城市）的不确定性。距离与时间的增加，势必增加了生态资源跨空间占用的不确定性，特别是一些易受污染的生态资源，如水、食物。同时，随着距离的增加，城市对生态资源跨空间占用中出现的不确定的控制力与处理能力急剧下降，松花江水污染事件就是一个典型的例子。城市生态版图的扩张，也就意味着其生态占用的空间距离越大，生态风险越大，所以在考虑到生态风险的背景下，城市具有近距离生态占用的趋势，从而引起城市生态版图的收缩。

3）社会成本

社会成本是指处理事件造成的社会不良结果的代价。跨区域生态占用造成生态占用的不公平性就是一个重要内容。生态占用的公平性问题已让大家达成共识，即存在不公平。生态系统通过生态系统过程所产生的服务对地球生命支持系统具有重要作用，同时也是人类社会、经济与环境可持续发展的基本要素。但是，经济与环境的矛盾问题存在一定的区域差异性，特别是经济发展和环境保护经常存在"地域分异"特性，造成了区域之间存在一定的"不公平性"，主要的缘由：一是经济发达地区往往是消费生态资源的"大户"，为了发展本区域的经济不仅消耗本区域的生态资源，还对其他区域特别是生态脆弱区造成了"生态"胁迫，主要体现在对生态脆弱区的资源开发造成的污染成本"外摊"给生态脆弱区，或是为了减少本地区的污染往往把一些污染的工业建在生态脆弱区，从而加大生态脆弱区的生态环境压力；二是对经济发达区有"生态贡献"的区域往往是生态脆弱区，而这些区域往往是经济发达区的生态屏障，其生态治理最大的受益者可能是经济发达区[1]。从世界范围来看，生态服务消费的不公平普遍存在，工业化国家占全球人口的 1/4，其他国家占 3/4，但工业化国家人均谷物消费每年 716kg，肉类消费人均每年 61kg，消费全球 78% 的林产品与 80% 的商业能源，而其他国家人均谷物消费每年 264kg，肉类消费人均每年 11kg，消费全球 22% 的林产品与 20% 的商业能源[2]。总体分析，生态公平价值导向要求发达城市与地区尽可能从自身资源出发来解决自身的生态需求，减少生态的跨空间占用，即要求城市近距离生态占用，从而引起城市生态版图的收缩。

◎ 5.4　生态版图空间动态过程的生态效应

城市发展导致生态版图的扩张与收缩，而生态版图的扩张与收缩与城市生态发展之间的关系是什么样的呢，本节就是对这个问题进行深入探讨。利用生态承载力、空间经济学、城市安全、社会伦理等相关理论对生态版图的扩张与收缩进行综合分析，认为生态版图的扩张与收缩会产生生态效率、生态质量、生态安全、生态公平四个方面的生态效应。

[1] 杜秋莹，李国平．跨区域环境成本及其补偿 [J]. 社会科学家，2006，120（4）：69-80.

[2] 英迪拉·甘地．消费方式：环境压力的驱动力 [Z]，1991.

5.4.1 生态版图空间动态过程的生态效率效应

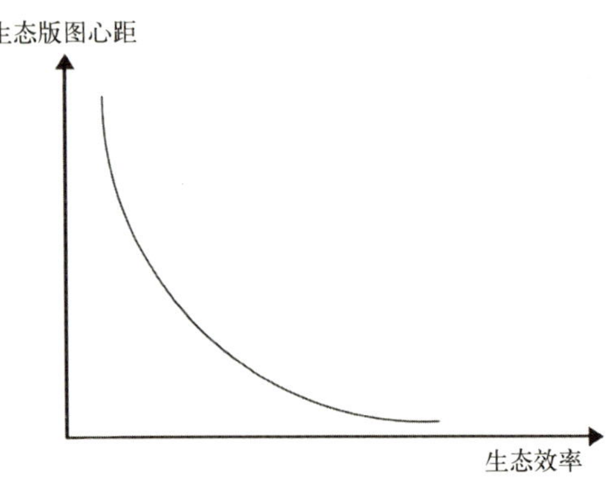

图 5-2 生态效率与生态版图心距的关系

在现实经济世界中，“跨空间交易就会带来成本”（克鲁格曼，2006），所以城市生态版图心距的大小会直接影响到生态资源的空间运输成本，即城市生态版图心距越大，城市生态效率越低，见图 5-2。在这里需要特别强调的是，所谓的成本是指生态成本，即“跨空间交易就会带来生态成本”，如果城市生态版图过大，其生态成本过高，即使城市的经济效益再高，以生态价值导向角度来分析，也是不经济的。所以城市生态版图的大小会在规模报酬递增与运输生态成本之间进行平衡，实现经济与生态双重最佳效益。

5.4.2 生态版图空间动态过程的生态质量效应

生态版图扩张的生态质量效应从生态质量的度量与生态版图扩张的生态质量效应过程两方面来分析，生态质量的度量主要分析生态质量的内涵及其度量指标，而生态版图扩张的生态质量效应过程主要分析由于生态版图扩张对生态空间储备丰度的作用过程。

1. 生态质量的内涵

1）生态质量界定

生态质量由两个部分构成，即环境质量与生态质量，环境问题与生态问题都会影响到生态环境质量。当社会经济发展所排放的污染物超过系统的环境承载力时，即吸收能力时，就会产生环境问题；而当社会经济发展所需要的生态资源超过系统的资源承载力，即产出能力时，就会产生生态问题。同时，环境问题与生态问题是互生共存的，当存在环境问题时，生态问题也同样会随之而来，反之亦然。

2）生态承载力内涵

生态承载力是环境承载力与资源承载力的综合，是系统全面反映生态系统的承载能力。一个系统具有其资源承载力，即具有产出能力，同时也具有环境承载力，即吸收能力。从另一个角度来分析，产出能力与吸收能力是相辅相成的，只能在具有吸收能力的基础上，才可能具有产出能力。所以可以说通过合理控制社会经济发展所需要的生态资源与所排放的污染物，即处理好社会经济发展与生态承载力之间的关系，城市复合系统可以是平衡与健康的。

3）生态环境质量与生态承载力

城市生态系统是一种耗散结构，它必须从外界获取物质和能量，不断输出产品和废物，才能保持稳定有序的状态，同时，城市犹如一个复杂的有机体，不断进行新陈代谢，通过城市系统的优化、循环和再生来减少对自然系统的压力。人类社会经济发展与生态环境保护之间存在着相互矛盾的关系，见图5-3。经济增长，特别是目前的经济低水平增长阶段，必然造成资源短缺或匮乏，给自然生态环境带来巨大压力，减弱生态环境的支持能力，进而加快社会经济发展的压力；生态环境支持能力的加强，必然为社会经济系统提供大量的自然资源和环境资源，提高自然生态系统为社会经济活动储备发展要素的速度。一个城市的发展要受到可供利用的资源及技术的制约，技术作为外部作用条件，可以改变社会经济发展压力，从而使社会经济发展压力和生态环境支持能力发生动态变化，在新的一点达到 K_1 和 K_2 的动态平衡。那么生态质量与生态承载力之间的关系是：当生态承载力大于或等于社会经济压力，生态质量好转或平衡；当生态承载力小于社会经济压力，生态质量恶化。

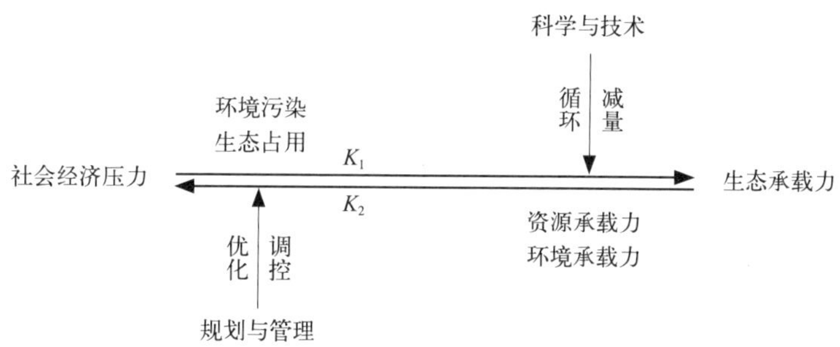

图5-3 社会经济压力与生态承载力之间的耦合关系

总结起来，有三个指标可以用来评价生态环境与社会经济之间的持续状况：①污染物和废弃物排放是否超过了环境的承载力；②对可更新资源的利用是否超过它的可再生速率；③对不可再生资源的利用是否超过了其他资本形式对它的替代速率。

本文认为生态承载力的内涵包括环境与资源承载力，而且在生态承载力的计算中也体现出了对环境承载力与资源承载力的综合，所以生态承载力评价方法，即以生态版图方法计算与评价城市生态质量发展，其评价更具综合性与科学性。

4）生态质量的度量指标

通过前面的分析，可将生态质量的度量指标确定公式为：

$$A = (EC - EF) / EC \tag{5-1}$$

其中 A 为生态储备丰度；EC 为生态承载力；EF 为生态占用。在城市生态版图理论中，城市生态质量由生态储备丰度来度量。生态储备丰度是指某一地域范围内，用作生态储备的生态空间与整个地域生态空间的面积之比。

生态储备丰度的内涵是：丰度指数的大小决定了生态质量的发展趋势，当丰度指数为正值时，生态质量良性发展，而负值为恶性发展。这里需要特别说明的是生态储备丰度是度量城市生态质量发展的一个核心因子，而不是全部。

2. 生态版图空间动态过程的生态质量效应过程

1）EF、ef 与 D 的关系

EF、ef 与 D 的关系式为：

$$EF = (1 + D \cdot R)\, ef \tag{5-2}$$

其中 EF 为考虑空间运输成本的城市生态占用；ef 为未考虑空间运输成本的城市生态占用；D 为生态占用心距；R 为生态占用空间运输衰减系数。总体来分析，随着 D 的增加，城市的 EF 会增大。EF、ef 与 D 的关系见图 5-4。

2）D 与生态空间储备丰度的关系

通过前面的分析可知，心距的大小直接影响到 EF，而 EF 的大小又直接影响到生态储备丰度，即城市生态版图扩张会影响到生态质量的发展方向，D 与生态空间储备丰度的关系，见图 5-5。在图 5-5 中，假设 ef 已固定，而 D 从 0 逐渐增大，EF 也会逐渐增大，从而改变了 A 值，即城市生态版图扩张引起的心距增大，会直接影响到城市生态质量的发展方向。

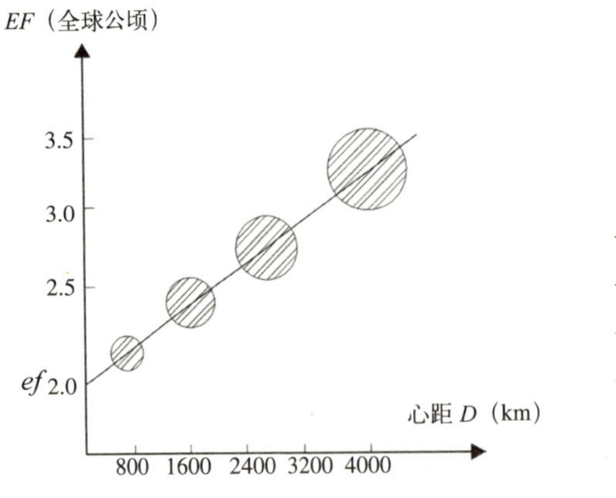

图 5-4　EF、ef、D 三者关系

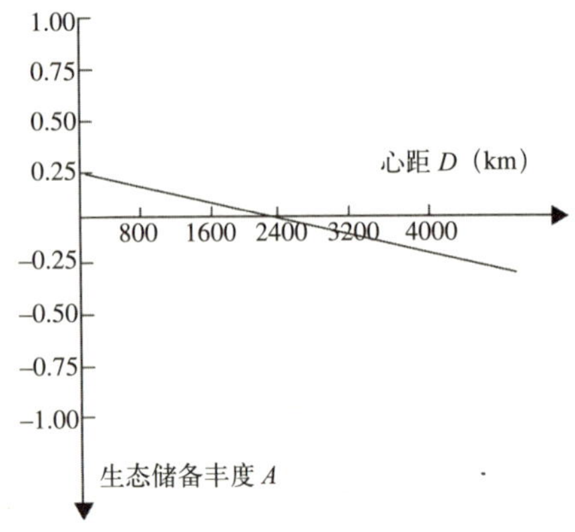

图 5-5　D 与生态空间储备丰度的关系

5.4.3 生态版图空间动态过程的生态风险效应

生态版图空间动态过程从生态风险的度量与生态版图扩张的生态风险效应两方面来分析，生态风险的度量主要分析生态风险的内涵及其度量指标，而生态版图扩张的生态风险效应主要分析生态版图扩张对生态空间储备丰度的作用过程。

1. 生态风险的内涵

生态风险是现代生态学研究与生态风险评价的一个比较活跃的前沿领域[1]。风险被定义为不幸事件发生的可能性及其发生后果将会造成的灾害（Anne and Bennett,1999）[2],用"风险度（Degree of Risk)"和"风险值（Risk Value)"来表示（马娅娟等,2004）[3]。那么,生态风险（Ecological Risk）就是生态系统及其组分所承受的风险，指在一定区域内，具有不确定性的事故或灾害对生态系统及其组分可能产生的作用，这些作用的结果可能导致生态系统结构和功能的损伤，从而危及生态系统的安全和健康（付在毅等，2001b）[4]。通俗地讲，生态风险指一个种群、生态系统或整个景观的正常功能受外界胁迫，从而在目前和将来减小该系统健康、生产力、遗传结构、经济价值和美学价值的一种状况[5]。生态风险产生的原因包括自然、社会经济与人们生产实践等诸种因素（李自珍，2002）[6]。其中自然因素包括各类自然灾害如洪水、干旱、地震、滑坡、火灾等，以及人为灾害如全球气候变化引起的水资源危机、土地沙漠化与盐渍化等；社会经济因素包括市场因素、资金的投入产出因素、流通与营销、产业结构布局等因素；人类生产实践因素包括传统经营方式和技术产生的生态风险，资源开发利用方面的风险因素等，如生物入侵、生物工程引发的生态风险、水污染、重金属污染等。本文所提到的生态风险，主要是指生态版图心距的增大从而造成生态风险出现概率的增高，这种生态风险重点针对城市复合生态系统，特别是对城市社会经济发展。

从目前的研究资料来分析，空间距离对生态风险影响的研究并不多，但随着生态资源空间运输距离的不断增加，其结果的不确定性就会不断增加却是不争的事实。城市生态风险度量指标的简单公式可以确定如下：

[1] 李国旗．生态风险研究评述 [J]. 生态学杂志，1999，18（4）：57-64.

[2] Anne F.，Bennett R.S.Ecological Risk Assessment and the Precautionary Principle[J]. Human and Ecological Risk Assessment，1999，5（5）：943-949.

[3] 马娅娟，傅桦．浅析生态风险及其评价方法的要点 [J]. 首都师范大学学报（自然科学版），2004，25（4）：80-84.

[4] 付在毅，许学工．区域生态风险评价 [J]. 地球科学进展，200lb，l6（2）：267-271.

[5] 杨娟．岛屿生态风险评价的理论与方法——崇明三岛实证研究 [D]. 上海：华东师范大学 [博士学位论文]，2007.

[6] 李自珍，李维德，石洪华等．生态风险灰色评价模型及其在绿洲盐渍化农田生态系统中的应用 [J]. 中国沙漠，2002，22（6）：617-622.

$$R = V \cdot P \left(a + \frac{D}{\sqrt{(D+L)^2}}\right) \tag{5-3}$$

其中，R 为城市生态风险；V 为生态风险度或生态风险值；P 为静态生态风险发生概率；D 为城市生态版图心距；a、L 为常数。假若某一生态风险的值已固定，那么生态版图心距的变化会改变其发生的概率，心距越大，生态风险发生的概率越大。生态风险值、生态风险概率与心距之间的关系如图 5-6 所示。

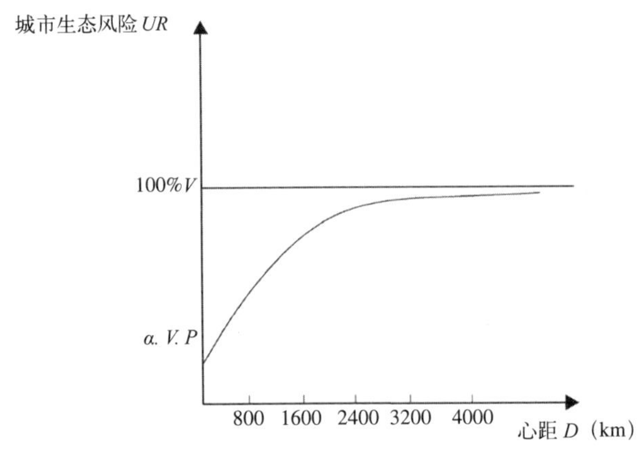

图 5-6　心距变化与城市生态风险之间的关系

2. 生态版图空间动态过程的生态风险效应过程

1）突变诱导因素与突变距离

生态版图心距变化对生态风险的影响并不是一个平稳的过程，而是一个跳跃的过程。这是因为城市生态版图心距在变化过程中要受到自然与人为等因素的影响，而这些因素并不是一个渐变的过程，而是以一定地域范围为单元的变化过程，从而决定了生态风险随着心距的变化是一个跳跃性过程，而非一个平滑过程。本文把这些影响生态风险跳跃性发展的因素称为突变诱导因素，而这个突变诱导因素的作用点到城市中心的距离称为突变距离。突变诱导因素可分为行政、交通、自然突变诱导因素三大类，根据突变距离的大小，行政突变诱导因素可分建成区、市域、省域、国家、洲际五个层次，交通突变诱导因素可分为近程交通、中程交通、远程交通三个层次，自然突变诱导因素可分为地形、地带、流域、海陆四个层次。由于城市所处区位的差异，各种突变诱导因素对城市生态风险的影响存在很大差别，同时各种突变诱导因素所对应的突变距离也不相同。

2）生态版图扩张生态风险效应过程

在空间距离条件下，任何经济活动都要支付额外的成本，这种额外的成本包括显性成本与隐性成本，显性成本是指人人皆知的运输成本，隐性成本是指时间与空间距离的增加，从而造成的不确定性的增加，而不确定性的增加会增加城市生态风险。距离存在差异，则在不确定方面也有很大的差异，进而在对城市生态风险的影响方面有很大的差异，距离越远其生态风险越大，即远距离生态资源城市与近距离生态资源城市相比，其生态风险相对大。生态版图扩张生态风险效应充分考虑空间距离对生态风险的影响，同时增加了突变诱导因素与突变距离分析因素，从而能深入理解城市生态版图扩张的生态风险效应机制，如图 5-7 所示。

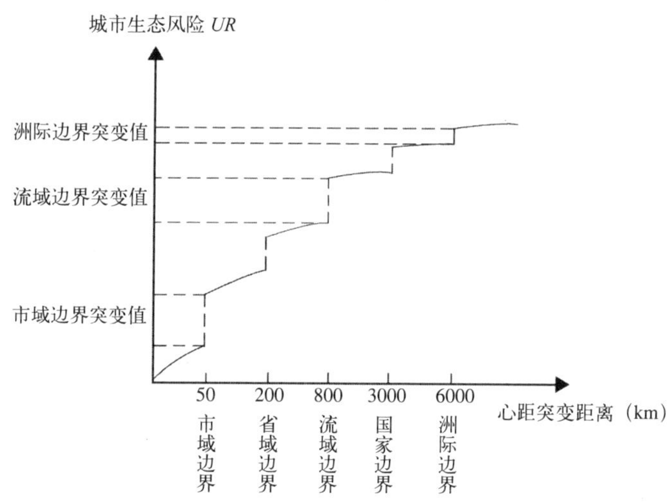

图 5-7 城市生态版图心距变化与城市生态风险、突变距离的关系

3. 生态版图空间动态过程的生态风险效应的具体表现

2003 年在北京等地肆虐的非典型性肺炎，2005 年松花江污染事件以及在几个省流行的禽流感事件，2008 年南方冰雪灾害，这些事实都表明了一个道理：生态风险对每个城市都不是很遥远。城市生态风险不断增高是指城市发展过程中出现生态问题的概率及不确性增高的现象。城市化与城市规模越高，城市复合生态系统越大，不可测与不可控因素越多，生态风险越大。我国对城市生态风险重视还不够，很多事件有它的偶然性，也有它的必然性。从西方社会发展的趋势来看，目前中国可能正处于泛城市化发展阶段，表现在城市容纳能力有限、不均衡发展和社会阶层分裂，以及城乡对比度的持续增高，所有这些都集中表现在安全风险问题上。造成生态风险的原因表现在几个方面：其一，城市人口高度密集，增加了风险分摊难度。其二，城市化建设过程中对环境的人为

破坏及严重的不负责任，为风险发作埋下了种子。其三，社会发展失衡对城市本身构成巨大的威胁。这些仅仅是目前中国社会风险的次要部分，它的主要部分我认为应当是信任风险。任何一个社会制度得以维系都需要有不可或缺的两种关系：一是法律关系，二是伦理的信任关系。这两种关系不仅是市场经济存在的灵魂，而且也是社会经济发展最根本的动力和保障。风险并不可怕，可怕的是对风险缺少科学的研究或不重视。在快速城镇化时期，我国城市对这方面潜在的危险重视程度明显不足，对城市规模、经济规模、产业规模发展的短期追求为各城市的首要目标，而对各种潜在的生态风险置之不理，或没有预测防范，是令人担忧的。

5.4.4 生态版图空间动态过程的生态公平效应

1. 生态公平的内涵

1）生态公平的界定

“公平”是一个社会性评价概念，并被广泛运用。这种情况一方面表明公平问题一向是人类普遍关注的焦点，另一方面也表明公平的概念和内涵从来都是处于一种非常复杂、难以统一的局面中[1]。公平观念产生于它特定的根源，即不公平现象在滋生蔓延与不公平现象存在危害性，只有具备了这两种客观条件，某种公平观念才会产生。“生态公平”这一概念就是在人类开发利用自然、发展经济中对生态环境与对整体利益造成不公平过程中提出来的。以城市发展为例，有些环境问题是由城市发展的不合理经济活动引起的，但这并不意味着每个城市发展所造成的环境损害是一样的，结果会引出三个非常现实的问题：一是对环境污染和破坏比较少的城市感到那些对环境污染和破坏比较多的城市损害了他们的利益；二是不同的城市在污染和破坏环境过程中所得到的收益是千差万别的；三是城市间如何分摊解决环境问题的责任和义务。

2）生态公平的内涵

生态公平是人们在开发利用自然、发展经济过程中要求充分体现经济效益、社会效益和环境效益统一、协调和平衡的观念或思想，这说明生态公平观念的确立同时涉及三个领域，即经济领域、社会领域和环境领域。从这种意义上来理解，生态公平其实是经济公平、社会公平和环境公平的有机统一。生态公平是在对上述三种公平进行有机整合的基础上被提出来的一种公平观念，它总的要求是，人类开发利用自然、发展生态经济的过程必须同时体现经济公平、社会公平和环境公平。也就是说，生态经济公平是一种熔铸经济公平、社会公平和生态公平于一体的综合公平观，它兼有经济公平强调经济系统和谐运行的基

[1] 向玉乔．生态经济伦理初探 [D]. 长沙：湖南师范大学 [博士学位论文]，2002.

本精神、社会公平主张个人权利与社会要求相统一的根本思想以及生态公平提倡追求人与自然同处共荣的道德情怀。在生态公平原则的框架之内，生态发展的过程和成果都应该体现经济效益、社会效益和环境效益的融合与统一，应该体现当代人类追求经济、社会和环境和谐相融的整体价值目标。

从上面的分析可以看到，生态公平内容多样、涉及面广，并随着社会的发展而不断丰富。这就需要在具体研究时具体定义，本文所指的生态公平，是指理想化生态公平，即指所有人或城市，都平等享受自然生态系统提供的生态服务的权利。从根本上说，生态公平就是人类在利用、保护自然资源方面承担着共同的责任。主体对于自然的开发和补偿应是对等的，谁在资源共享上获益多，谁对自然资源保护责任也更大。其主要目的在于有效地保护人们平等的环境权利，并尽量减少人们之间因不平等关系而导致的不平等环境影响，在利用资源、保护生态的过程中，取得权利与义务的对应、贡献与索取的对应、机会与风险的对应 [1]。

2. 城市生态版图空间动态过程的生态公平效应过程

城市生态版图扩张与收缩的生态公平效应过程与生态风险效应过程一致，具有渐变与突变的特征。与生态风险效应不同的是，行政边界与经济边界对在生态公平变化过程中的影响更大，这是因为生态公平具有社会性，即生态公平只有在两个不同社会属性空间单位之间才能产生。例如，生态公平重点在城市间、省域间、国家间等行政空间单元之间，及城市与乡村、发达地区与落后地区等经济空间单元之间产生。需要特别指出的是，城市生态版图的扩张与收缩并不直接导致城市或区域间生态的不公平，而是增加了生态不公平出现的概率，也就是城市生态版图心距的提高，不一定直接导致城市间的生态公平失衡，但生态公平失衡的可能性一定会增大，如图 5-8 所示。

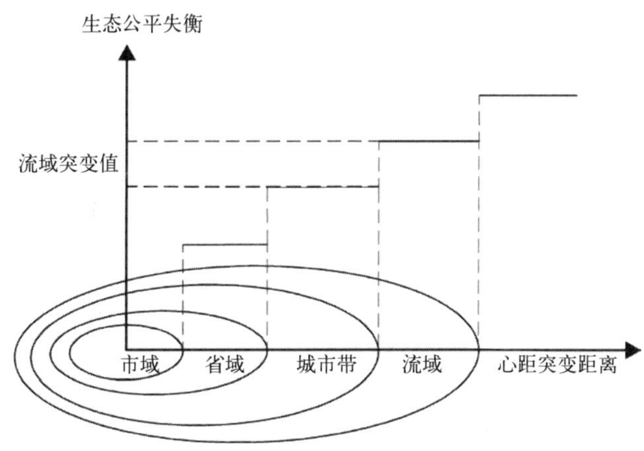

图 5-8　城市生态版图的扩张与收缩与生态公平失衡概率的关系

[1] 魏森杰，魏广志 . 论国际视角下的生态正义 [J]. 重庆科技学院学报，2008（1）：38-39.

第6章

城市生态版图定量方法

城市生态版图的定量方法是本文的基础研究内容之一，主要工作是整合了已有研究成果，包括定量方法的基本假设、定量方法适用性分析和定量方法选择三个部分内容。城市生态版图量化要达到两个的目：一是达到不同用地可以归一化处理，二是达到定量单位体现自然生态系统的生产能力。仅从单一用地来分析，只知道其空间面积就可达到定量化目的，但若是由多种用地构成，仅依靠简单的空间面积来进行度量城市生态版图是不适用的，所以定量技术可以归一化处理是核心目的之一。城市生态版图的提出是基于城市发展与自然生态系统之间关系的思考，或者说是人类活动压力与生态系统承载力之间关系的研究，所以城市生态版图作为施加在自然生态系统之上的压力，其定量单位要与生态系统生态承载力一致，从而才能进行比较评价。

◎6.1 城市生态版图量化的基本假设

城市生态版图的定义为城市发展消费的各种生态系统服务在地球表层土地所形成的空间格局，即假设土地是支撑城市发展的唯一资源，这是对生态系统物质循环理论的高度简化，同时也是对城市生态承载力理论的空间化应用。这一假设可以分为两个层次来进行理解。

6.1.1 城市的一切生态资源消费、废物排出都来自与回归地球表层土地

城市的一切生态资源消费、废物排出都来自与回归地球表层土地是指城市所消费的资源都只能由地球表层土地提供，而所有废物排出都由地球表层土地吸收。这个逻辑蕴涵的是一个生态系统生态学基本原理，即生态系统是一个物质循环与能量流动的系统，人类在地球表层土地获得生态资源，就需把相同量的物质与能量还回去，这个系统才能实现平衡。

6.1.2 地球表层土地是生态系统与人类社会经济发展供需对接的唯一平台

地球表层土地是生态系统与人类社会经济发展供需对接的唯一平台是指人类经济社会发展的需求与生态系统的供给是以地球表层土地为界面的，即人类的一切活动与消费都会占用到一定的地球表层土地，而生态系统的一切供给同样需要一定的地球表层土地；同时，地球表层土地是生态系统与人类社会经济发展供需对接的唯一平台是实现生态承载力空间化的一个关键逻辑，以空间单位度量生态承载力的供给与人类社会经济发展的需求。

◎ 6.2 现有量化方法的适用性评价

通过总结前人的研究成果，归纳出三个类型的生态承载力定量方法：①系统模型法——Logistic 模型法、SD 模型法、MOP 模型法、SDSS 模型法；②指标体系法——PSR 法、PSIR 法、DSR 法；③物质能量平衡法——第一性生产力法、生态足迹法、能值法。本研究主要采取比较成熟，以及操作性比较强的第一性生产力法、能值法、生态足迹法三种方法。

6.2.1 第一性生产力法

Lieth（列斯）于 1972 年首次估算了全球陆地与海洋的净第一性生产力（NPP），并发表了首张用计算机模拟的全球 NPP 分布图。自然植被净第一性生产力是植物自身生物学特性与外界环境因子相互作用的结果，它是评价生态系统结构与功能特征和生物圈的人口承载力的重要指标，反映了某一自然体系的恢复、生产能力，研究人员先后进行了许多 NPP 的测定，并以测定资料为基础，联系环境因子建立了许多模型，如气候生产力模型（Lieth，1972）、过程模型（De Wet，1987）、半经验半理论模型（王宗明，2002）、筑后模型（Uchijima，1985）、北京模型（朱志辉，1993）、周广胜模型（周广胜，1995）。

以自然体系第一性生产力为界面来计算系统承载力，其理论基础扎实，定量化可靠，适合于对相对开放性的系统进行研究。但由于绝大多数的第一性生产产品我们不直接使用，城市所消费的生态资源很多是第二性生产产品，用第一性生产力评价法来定量城市生态版图，会存在很大的误差，所以第一性生产力法不适用于城市生态版图定量。

6.2.2 能值法

能值（energy）分析理论和方法是美国著名生态学家、系统能量分析先驱OdumH.T. 于20世纪80年代创立的[1]。能值分析以能值为基准，把生态系统或生态经济系统中不同种类、不可比较的能量转换成统一标准的能值来衡量和分析[2]。在实际应用中常用太阳能作为能值基准，由于任何形式的能量均来源于太阳能，所以能值理论可以衡量和比较生态系统中不同等级能量的真实价值与贡献。

从能量、体现能发展到能值，从生态系统理论发展到能量系统理论，从能量分析发展到能值分析，在理论和方法上都是一个重大飞跃。能值理论与分析方法为环境、资源、人类劳务、信息和发展决策的分析评价提供了新尺度，为综合分析评价系统的能量流、物质流、货币流、人口流、信息流提供了统一的度量标准。能值是指一种流动或贮存的能量中所包含的另一种能量的数量。各种能量均直接或间接源于太阳能，故常以太阳能来衡量各种能量的能值：任何资源、产品或劳务形成所需的直接或间接的太阳能之量，就是其所具有的太阳能值（Solar energy），单位为太阳能焦耳（seJ）。以能值为基准，可以衡量和比较生态系统中不同等级能量的真实价值与贡献。在能值理论中用能值转换率（transformity）表示能量等级系统中不同类别能量的能质（energy quality），定义为：形成每单位某种能量或物质所需的另一种能量的量，常用的是太阳能值转换率，即形成每单位能量或物质所含有的太阳能值。应用能值转换率可将生态系统或生态系统内流动和储存的各种不同类别的能量转换为同一标准的能值，进行定量分析研究。通过能值转换率，能量或物质与能值之间的转换关系可表示为：

$$M = \tau \times B \tag{6-1}$$

式中，M表示能值（seJ），τ表示能值转换率（seJ/J 或 seJ/g），B表示能量或物质的质量（J 或 g）。能值理论方法的提出为能量流、物质流及货币流的评价提供了一个共同的尺度，并成功地解决了能量等级系统中各等级能量的统一评价问题，有助于调整生态环境与经济发展之间的关系，对自然资源的科学评价与合理利用、经济发展方针的制定、实施可持续发展战略均具有重要意义[3]。

以能值（能流）来定量土地的生产能力，其理论基础扎实，定量化精度高；

[1] 蓝盛芳，钦佩，陆宏芳．生态经济系统能值分析[M]. 北京：化学工业出版社，2002.
[2] OdumH.T. 能量、环境与经济[M]. 蓝盛芳译．北京：东方出版社，1992.
[3] 蓝盛芳，钦佩，陆宏芳．生态经济系统能值分析[M]. 北京：化学工业出版社，2002.

能量法是目前最为精确的定量方法，这也决定了其定量结果与实现情况相差会很大。能值法在理论上达到城市生态版图定量的目的，但由于其是能值单位而非空间单位，不能很好地直接体现出城市生态版图的空间特征，在实际操作中难以直接利用，所以能值法不适用于城市生态版图定量。

6.2.3 生态足迹法

生态足迹法提供了一种全球可比的、可测度的空间度量指标。它通过引入生物生产性土地面积的概念，实现了对各种资源的统一描述，再通过引入均衡因子和产量因子，进一步实现了不同国家、区域各类生态生产性土地的可加性和可比性，从而为我们提供了一个有效的量化可持续发展程度的工具，同时生态足迹计算方法简便，涵盖的信息量大，且所需的数据资料易获得。生态足迹方法因其普遍适用性可以应用于不同的领域范围，从个人、家庭，到城市、国家、全球，是城市生态版图定量非常适用的技术。

◎ 6.3 生态版图量化方法确定

综合分析，生态足迹法归一化定量技术、空间度量单位、供需关系界面等内容为城市生态版图定量扫清了技术障碍与适用难点，是上述几种生态系统承载力定量方法中最适用于城市生态版图定量的方法。

6.3.1 理论提出

1992 年，Rees 与 Wackernagel 提出了生态足迹（ecological footprint）的概念，即在一定的技术条件下的任何已知人口（个人、一个地区或一个国家）的生态足迹指在一定时期内（通常为 1 年）生产这些人口消费的所有自然资源和吸纳这些人口产生的所有废弃物所必需的生物生产土地和水域的面积总和，即“已占用的承载力（appropriated carrying capacity）”。Wackernagel 给出了一个非常形象的描述：生态足迹就是“一只负载着人类与人类所创造的城市、工厂等的巨脚在地球上留下的脚印”。

6.3.2 理论假设

生态足迹指标的计算基于以下基本假设（Wackernagel，1996；Wackernagel& Schulzet，2002）：①人类可以测算出自身消费的绝大多数资源及其所产生的废弃物的数量；②这些资源流和废弃物流的绝大多数能够转换为生产这些资源和吸收这些废弃物流的生物生产土地面积（biological productive area），那些不能被折算的资源和废弃物流则被排除在评价外，这样可能造成人们对真实的生态足迹的低估；③根据可用资源的产量，将这些资源按比例折算成不同类型的生物生产土地面积，再将面积单位“公顷”转换成基于全球平均生产力的“全球公顷（global hectares)”这一统一的面积单位，“可用”的含义就是指这部分生物量是被人类所用的，反映了生态足迹计算以人类为中心的前提；④由于各种生物生产土地类型代表了相互排斥的用途，而在一个给定年份，每一种生物生产土地的“1 全球公顷”面积代表具有相同生物量的生产力的面积，因此，当年的这些用“全球公顷”度量的不同类型的土地面积可以相加，这个总数就反映了人类的总需求——生态足迹；⑤以全球公顷为单位的生态足迹和生态承载力可以直接比较；⑥需求面积可以超出供给面积。同时，可以明确生物承载力定义的基本前提：①代表自然系统生态服务供给的生态承载力可以用生产这些生态服务的生物生产土地的面积来表达；②人类可以测量不同区域的各种类型的生物生产土地面积及其生产力（产量）；③不同类型的生物生产土地面积（公顷）可以按比例折算成以“全球公顷”为单位的土地面积。生态足迹方法利用世界平均生产力（world average productivity）来计算的各种类型的生物生产土地面积，实现了用一个共同的生物物理指标（生物生产土地面积）来指示生态足迹和生态承载力，使全球范围内的所有国家、地区和个人的生态足迹和生态承载力计算结果变得可以直接相互比较，同时，又保证了地球的全部土地生产力不被歪曲，从而可以客观地反映人类对生态环境的影响和压力。

6.3.3 技术处理

因六类生物生产土地面积类型及其均衡处理生态足迹法根据生态生产力的不同将生物生产土地划分为六类：化石能源土地、耕地、林地、草场、建设用地和水域。这六类土地代表了相互排斥的土地用途，它们的总和能够反映出人类对自然资产的总需求：①化石能源土地，代表了生态足迹定义中吸纳一定人口产生的所有废弃物所必需的生物生产土地；②耕地，从生态角度看是最有生产能力的土地类型，在可耕地上生长着人类利用的大部分生物量；③林地，人工林和天然林；④草场，用来饲养牲畜的草场。

6.3.4 相关因子

由于这六类生物生产土地面积的生态生产力（用单位面积产量表示）不同，因此计算出的各类土地的面积不能直接加总。Wackernagel 利用世界平均生产力、均衡因子（the equivalence factor）、产量因子（the yield factor）和化石能源足迹转化因子（the conversion factor of fossil-energy footprints）把六种具有不同生态生产力的生物生产土地面积折算成“以世界平均生产力为基础的生物生产土地面积”，即“全球公顷”，以其作为生态足迹和生态承载力的度量单位，使六类土地面积可以加总和比较。特定区域的人类生态足迹和生态承载力就是这六类土地“全球公顷”面积之和。在生态承载力计算中，由于不同国家或地区的资源不同，不仅耕地、草地、林地、建设用地、水域之间的生产力差异很大，而且不同地域同类型生物生产土地的生产力也有差异。因此，不同国家或地区的同类生物生产土地的实际面积不能直接对比，需要对不同类型的面积进行调整。Wackernagel（1999）引入产量因子的概念解决了这一问题，产量因子表示某个国家或地区的某种生物生产土地的平均生产力与同类土地的世界平均生产力之间的比率。

6.3.5 计算模型

生态足迹方法包括了两个主要的计算模型：生态足迹模型和生态承载力模型。人类的生产、生活消费由三部分组成：生物资源消费、能源消费与建设用地，因而生态占用与生态承载力计算相应地也由生物资源消费、能源消费组成。生物资源消费中的农产品分为谷类、豆类、植物油、禽肉类、蛋类、蔬菜类、酒类、食糖、水果类、猪肉、牛肉、羊肉、奶类、水产品类、木材共计 15 种。

1. 生态足迹的计算公式

生态足迹的计算公式为：

$$EF = N \cdot ef = N \cdot r_j \cdot \sum (a \cdot a_i) = N \cdot r_j \cdot \sum (C_i \cdot P_i) \qquad (6\text{-}2)$$

EF 为总生态足迹，生态足迹的单位是全球公顷；N 为人口总数；ef 为人均生态足迹；$a \cdot a_i$ 为人均第 i 种消费项目折算的生物生态面积；C_i 为第 i 种消费项目的人均消费量；P_i 为第 i 种消费项目的平均生产能力；i 为消费项目和投入的类型；r_j 为均衡因子；j 为生物生产性土地类型。

2. 生态承载力的计算公式

生态承载力的计算公式为：

$$BC = N \cdot ec = N \cdot r_j \cdot \sum (a_j \cdot y_j) \ (j = 1, 2, \cdots, 6) \qquad (6\text{-}3)$$

BC 为总的生态承载力，生态承载力的单位是全球公顷；N 为人口总数；ec 为人均生态承载力；j 为生产用地类型（农用地、草地、林地……水域）；a_j 为人均生物生产面积；r_j 为均衡因子；y_j 为产量因子。

6.3.6 本书所采用的相关因子数值

生态足迹法利用均衡因子、产量因子、化石能源足迹转化因子和世界平均生产力把六种具有不同生态生产力的生物生产土地面积折算成“以世界平均生产力为基础的生物生产土地面积”，以其作为生态足迹和生态承载力的度量单位，使六类土地面积可以加总和比较。本研究采用的均衡因子、产量因子、化石能源足迹转化因子和世界平均生产力数值见表 6-1 ～表 6-3。

均衡因子　　表 6-1

用地类型	均衡因子	产量因子
耕地	2.64	1.66
林地	1.33	0.91
能源用地	1.33	1
草地	0.50	0.19
水域	0.40	1
建设用地	2.64	1.66

注:均衡因子与产量因子引自2008年版、2006年版全球足迹网络发布的国家生态足迹账户。

化石能源足迹转化因子　　表 6-2

项目	能源足迹 (GJ/hm²)	折算系数 (GJ/t)	用地类型
煤炭	55	20.934	化石能源地
焦炭	55	28.470	化石能源地
汽油	93	43.124	化石能源地
煤油	93	43.124	化石能源地
柴油	93	42.705	化石能源地
天然气	93	38.978	化石能源地
供热	1000	29.344	建设用地
电力	1000	0.0036(GJ/kWh)	建设用地

注：引自2006年版全球足迹网发布的化石能源足迹转化因子。

全球各用地平均产量 表 6-3

项目	产量（kg/hm^2）	用地类型
谷类	2744	耕地
豆类	1865	耕地
油料	1865	耕地
甘蔗	18000	耕地
蔬菜	18000	耕地
水果	3500	林地
猪肉	74	草地
牛羊肉	33	草地
禽肉	33	草地
奶类	502	草地
禽蛋	400	草地
水产品	29	水域
木材 (m^3/hm^2)	1.99	林地

注:引自FAO（世界粮农组织）2003年公布的数据。

第 7 章 城市生态版图构建方法

以义乌与南充两个研究城市为对象，对城市生态版图构建步骤进行探讨。需要特别说明的是，受技术水平、研究成果及现有基础资料三个方面的限制，本研究只对城市生态版图五类用地中的生物用地、建设用地、能源用地三种用地进行计算分析，不对水用地、氧用地进行计算分析。

◎ 7.1 城市生态版图构建步骤

城市生态版图构建分四个步骤：第一步是城市生态版图用地计算，本文采用的城市生态版图度量方法是生态足迹法；第二步是调查城市生态版图各类用地空间分布，在研究空间范围（研究空间范围根据研究需要来确定）内对城市生态版图用地的空间分布进行调查统计，获得城市生态版图用地空间分布；第三步是城市生态版图底图制作，根据城市生态版图用地空间范围和空间分布，划定适合的心距层数，绘制形成城市生态版图底图；第四步是城市生态版图绘制，把城市生态版图用地按其空间分布画在城市生态版图底图上，形成城市生态版图。

◎ 7.2 城市生态版图三类用地计算

利用 2000、2004、2007 年的相关资料[1]，对义乌与南充的生物用地、建设用地、能源用地三种用地进行计算。理论上计算出一年的城市生态版图用地就可以画出某一年的城市生态版图，但为了更深入分析义乌和南充城市生态版图空间用地的变化情况，所以连续计算了三年的用地情况。

[1] 相关资料主要包括义乌与南充 2001、2005、2008 年的城市统计年鉴。

7.2.1 生物用地计算

生物用地是指为城市提供生物资源的土地，所以生物用地面积通过计算生物消费来进行统计。生物消费主要包括谷类、豆类、蔬菜类、植物油、猪肉（包括动物油）、牛肉、羊肉、禽肉类、蛋类、奶类、水产品类、食糖、酒、水果类、木材 15 种生物类型。

1. 义乌

2000 年，义乌生物用地为 0.80 全球公顷 / 人，到 2007 年，达到 1.06 全球公顷 / 人，增加了 33.9%，见表 7-1。2007 年，单要素生物用地前五位分别是：谷类、禽肉类、水产品类、木材、猪肉，分别占总生物用地的 22.9%、19.5%、14.7%、13%、9.5%，它们占总体生物用地的 70% 左右。各单要素生物消费的生物用地从 2000 ~ 2007 年的变化不一样，其中禽肉类、水产品类、猪肉、酒、食糖都有比较大的上升，而谷类下降了 20% 左右。

义乌生物用地统计（全球公顷 / 人） 表 7-1

序号	种类 \ 年份	2000 年	2004 年	2007 年
1	谷类	0.26	0.25	0.24
2	豆类	0.02	0.02	0.03
3	蔬菜类	0.01	0.01	0.01
4	植物油	0.00	0.01	0.01
5	猪肉	0.16	0.14	0.12
6	牛肉	0.02	0.02	0.02
7	羊肉	0.01	0.01	0.02
8	禽肉类	0.10	0.15	0.21
9	蛋类	0.01	0.01	0.01
10	奶类	0.00	0.00	0.01
11	水产品类	0.09	0.10	0.16
12	食糖	0.00	0.00	0.00
13	酒	0.02	0.04	0.06
14	水果类	0.02	0.02	0.02
15	木材	0.08	0.11	0.14
合计	—	0.80	0.89	1.06

南充生物用地统计（全球公顷 / 人） 表 7-2

序号	种类 \ 年份	2000 年	2004 年	2007 年
1	谷类	0.23	0.27	0.23
2	豆类	0.02	0.02	0.02
3	蔬菜类	0.02	0.02	0.02
4	植物油	0.00	0.00	0.01
5	猪肉	0.20	0.24	0.23
6	牛肉	0.01	0.02	0.02
7	羊肉	0.01	0.01	0.02
8	禽肉类	0.11	0.13	0.14
9	蛋类	0.01	0.01	0.01
10	奶类	0.00	0.00	0.01
11	水产品类	0.09	0.10	0.16
12	食糖	0.00	0.00	0.00
13	酒	0.01	0.01	0.01
14	水果类	0.02	0.02	0.02
15	木材	0.10	0.12	0.14
合计	—	0.83	0.97	1.04

2. 南充

2000 年，南充的生物用地为 0.83 全球公顷 / 人，到 2007 年，达到 1.04 全球公顷 / 人，增加了 24.7%，见表 7-2。2007 年，单要素生物用地前五位分别是：谷类、猪肉、水产品类、禽肉类、木材，分别占总生物用地的 21.9%、18.9%、15.2%、13.7%、13.4%，它们占总体生物用地的 70% 左右。各单要素生物用地从 2000 ~ 2007 年都有增大的趋势，只有谷类有稍微的下降。

7.2.2 建设用地计算

建设用地是指为城市提供生活与生产空间的土地，主要包括居住用地、商业用地、工业用地、交通用地、公共设施用地 5 大类。2000 年，义乌建设用地为 0.04 全球公顷 / 人，到 2007 年，达到 0.07 全球公顷 / 人，增加约 84%，见表 7-3。2000 年，南充人均建设用地为 0.03 全球公顷 / 人，2007 年为 0.03 全球公顷 / 人，见表 7-4。

义乌建设用地（全球公顷 / 人） 表 7-3

序号	年份 / 地区	2000 年	2004 年	2007 年
1	城市	0.02	0.03	0.05
2	乡村	0.02	0.02	0.02
合计	—	0.04	0.05	0.07

南充建设用地（全球公顷 / 人） 表 7-4

序号	年份 / 地区	2000 年	2004 年	2007 年
1	城市	0.01	0.01	0.01
2	乡村	0.017	0.02	0.02
合计	—	0.03	0.03	0.03

7.2.3 能源用地计算

能源用地是指为城市提供能源或吸收碳的土地，可以通过计算城市所消费的能源获得相应的能源用地面积。2000 年，义乌能源用地为 0.33 全球公顷 / 人，到 2007 年，达到 0.96 全球公顷 / 人，增加约 188%，见表 7-5。2000 年，南充能源消费用地为 0.53 全球公顷 / 人，到 2007 年，达到 0.65 全球公顷 / 人，增加约 20.8%，见表 7-6。

义乌能源用地（全球公顷 / 人） 表 7-5

序号	年份 / 能源种类	2000 年	2004 年	2007 年
1	煤炭石油	0.31	0.99	0.86
2	电力	0.02	0.06	0.1
合计	—	0.33	1.05	0.96

南充能源用地（全球公顷/人） 表 7-6

序号	年份 / 能源种类	2000 年	2004 年	2007 年
1	煤炭石油	0.52	0.57	0.61
2	电力	0.01	0.02	0.04
合计	—	0.53	0.59	0.65

7.2.4 总体生态版图用地

1. 义乌

2000 年，义乌总体用地为 1.16 全球公顷 / 人，到 2007 年，达到 2.09 全球公顷 / 人，增加 79%。义乌 2007 年总体用地中，生物用地为 1.07 全球公顷 / 人，占总体用地的 51% 左右；建设用地为 0.06 全球公顷 / 人，占总体用地的 3% 左右；能源用地为 0.96 全球公顷 / 人，占总体用地的 46% 左右。从 2000 ~ 2007 年，生物用地、建设用地、能源用地分别各增加了 34%、84%、188%，能源消费的增加是总体用地增加的主要因素，见表 7-7。

2. 南充

2000 年，南充总体用地为 1.39 全球公顷 / 人，到 2007 年，达到 1.70 全球公顷 / 人，增加 23.0%。在南充 2007 年总体用地中，生物用地为 1.03 全球公顷 / 人，占总体用地的 60.2% 左右；建设用地为 0.03 全球公顷 / 人，占总体用地的 1.8% 左右；能源用地为 0.64 全球公顷 / 人，占总体用地的 37.4% 左右。从 2000 ~ 2007 年，生物用地、建设用地、能源用地分别增加了 24.1%、0%、20.8%，虽然南充能源消费的增速没有义乌那样快，但由于南充能源基数大，决定了能源用地的增加是南充总体用地增加的主要因素，见表 7-8。

义乌总体用地（全球公顷 / 人）表 7-7

序号	年份 用地类别	2000 年	2004 年	2007 年
1	生物用地	0.80	0.89	1.07
2	建设用地	0.03	0.05	0.06
3	能源用地	0.33	1.05	0.96
合计	—	1.16	1.99	2.09

南充总体用地（全球公顷 / 人）表 7-8

序号	年份 用地类别	2000 年	2004 年	2007 年
1	生物用地	0.83	0.97	1.03
2	建设用地	0.03	0.03	0.03
3	能源用地	0.53	0.59	0.64
合计	—	1.39	1.59	1.70

◎ 7.3 城市生态版图用地空间分布调查

三种用地的空间分布调查方法存在差异，这是由于三种用地在空间流动性、流动性的自动性与被动性属性方面存在不同。建设用地不具有空间流动性，而能源用地与生物用地具有空间流动性；生物用地和能源用地的空间流动性是被动式的。建设用地不用任何调查，由于其空间上的不可流动性，就可清楚地知道其空间 100% 分布于城市内部；生物用地具有被动式的空间流动性，空间分布可采用市场调查、统计年鉴与实地调查相结合的方法获得；现实中，能源用地具有被动式的空间流动性，但从理论角度来思考，其具有主动空间流动性。

首先，用地来源有两个分析方法，第一种是来路法，即调查其从哪里来；第二种是回路法，即调查其尾物回归何处。从生态系统物质循环理论来分析，两种方法的调查结果是一致的，生态资源在哪里生产出来，其尾物也会回归到哪里。建设用地与生物用地空间分布采用的是来路法，这个方法能准确地定位生产此用地的土地位置。能源空间分布调查若采用来路法，表面是可以清楚地获得生产这些能源的土地，但这些土地只是能源的储藏地，而不是能源的生产地。例如大庆每年产出大量的石油，这些石油并不一定是由大庆的土地来生产的，而可能是由大庆以外的很多土地通过长时间的积累而形成的。显然，用来路法调查其生产土地来源不能反映生态系统的真实情况。因此，本文采用回路法来统计能源用地的空间分布，即通过调查能源使用后排放出二氧化碳的吸收用地来统计能源用地的空间分布。二氧化碳的吸收用地的空间分布由两方面内容来决定，一是吸收用地的空间分布，二是二氧化碳的空间扩散模式。二氧化碳的空间扩散模式近似一种混沌状态，吸收用地在国土范围内是一种近似的均匀分布，所以采用回路法也不能准确地定位出能源用地的空间分布，但相对来路法更能反映出生态系统的真实情况，同时研究结果更便于指导城市用地平衡规划。采用回路法调查能源用地时，作了这样一个假设：城市内部能源用地首先吸收城市能源使用后排出的二氧化碳，而溢出的部分会以均匀扩散的形式在全国范围内被能源用地均匀吸收。这个假设会达到三个目的：①相对来路法更能反映生态系统的真实情况；②以国家版图空间尺度来分析能源用地的空间分布，研究结果能直接为国家与城市发展提供参考依据；③假设首先使用城市内部能源用地，研究结果直接为城市用地平衡规划提供参考依据。义乌与南充三种用地的空间分布统计结果见表 7-9 ~表 7-12。

义乌总体用地空间分布（上部分，全球公顷 /100 人） 表 7-9

用地	义乌	浙江	江苏	安徽	江西	福建	上海	山东	河南	湖北	湖南	广东	北京	天津	河北	山西
生物	54.77	9.61	1.73	2.55	3.41	2.25	0.00	1.80	1.41	0.81	2.29	0.01	0.00	0.00	0.47	0.36
建设	6.42	0.00	0.00	0.00	0.00	0.00	0.00	0.00	0.00	0.00	0.00	0.00	0.00	0.00	0.00	0.00
能源	6.36	0.94	0.96	1.30	1.55	1.13	0.06	1.43	1.55	1.73	1.97	1.68	0.16	0.11	1.75	1.45
合计	67.55	10.55	2.69	3.85	4.96	3.38	0.06	3.23	2.96	2.54	4.26	1.69	0.16	0.11	2.22	1.81

义乌总体用地空间分布 （下部分，全球公顷/100人） 表 7-10

用地	陕西	重庆	贵州	广西	海南	吉林	辽宁	宁夏	甘肃	四川	云南	内蒙古	青海	西藏	黑龙江	新疆
生物	0.08	0.76	1.89	1.58	0.04	6.40	1.70	0.28	0.13	1.20	0.77	1.54	0.16	0.09	8.34	0.53
建设	0.00	0.00	0.00	0.00	0.00	0.00	0.00	0.00	0.00	0.00	0.00	0.00	0.00	0.00	0.00	0.00
能源	1.91	0.77	1.64	2.20	0.32	1.74	1.40	0.62	4.23	4.50	3.57	11.01	6.72	11.4	4.23	15.45
合计	1.99	1.53	3.53	3.78	0.36	8.14	3.10	0.90	4.36	5.70	4.34	12.55	6.88	11.49	12.57	15.98

南充总体用地空间分布 （上部分，全球公顷/100人） 表 7-11

用地	南充	四川	重庆	云南	贵州	湖南	湖北	陕西	甘肃	西藏	广西	广东	江西	安徽	河南	山西
生物	68.91	14.80	0.00	1.50	0.43	0.07	0.08	1.80	0.00	0.00	1.60	0.20	0.07	1.02	0.26	0.07
建设	3.35	0.00	0.00	0.00	0.00	0.00	0.00	0.00	0.00	0.00	0.00	0.00	0.00	0.00	0.00	0.00
能源	6.50	2.90	0.50	2.31	1.06	1.28	1.12	1.20	3.00	7.40	1.40	1.10	1.01	0.84	1.01	0.94
合计	78.76	17.70	0.50	3.81	1.49	1.35	1.20	3.00	3.00	7.40	3.00	1.30	1.08	1.86	1.27	1.01

南充总体用地空间分布 （下部分，全球公顷/100人） 表 7-12

用地	宁夏	青海	福建	浙江	江苏	山东	河北	上海	北京	天津	海南	内蒙古	吉林	辽宁	黑龙江	新疆
生物	0.00	0.00	0.97	1.49	0.10	0.13	0.14	0.00	0.00	0.00	0.04	0.32	3.24	0.47	5.49	0.01
建设	0.00	0.00	0.00	0.00	0.00	0.00	0.00	0.00	0.00	0.00	0.00	0.00	0.00	0.00	0.00	0.00
能源	0.40	4.36	0.73	0.62	0.62	0.76	1.13	0.03	0.10	0.07	0.20	7.13	1.13	0.88	2.74	10.00
合计	0.40	4.36	1.70	2.11	0.72	0.89	1.27	0.03	0.10	0.07	0.24	7.45	4.37	1.35	8.23	10.01

◎ 7.4 心距与心距层计算

心距是指城市发展消费的各种生态系统服务从生产地到消费地之间的空间直线距离，其计算公式为：

$$D=\frac{\sum_{i=1}^{n} EF_i \cdot d_i}{EF} \tag{7-1}$$

其中 D 为心距；EF_i 为支撑某生态资源所需要的第 i 种土地类型总量；d_i 为 EF_i 从生产地到消费地的空间直线距离；n 为用地类型数；EF 为用地总量。通过上面的公式，只要知道 d_i 与 EF_i 的数量，就可以计算出 D。现在 EF_i 已经获得，即各种用地在每个省的空间分布数量已通过统计年鉴与实地调查获得，只要再获得各省与城市中心的空间直线距离就能算出心距。但在操作过程中，发现有的省份的空间形态非常不规则，例如甘肃，其东西跨越相当长，那么在确定其与城市中心的空间直线距离时，就感到难以把握。在这种情况下，尽可能要通过更多的途径与技术去获得更为详细的城市生态版图用地空间分布资料。

7.4.1 心距层构建

心距层是指以城市中心为原点，以不同心距为半径而形成的不同同心圆，这些同心圆就是心距层。构建心距层有两个目的，一是由于构建了不同心距层，分布在不同心距层的用地分布可以直接统计，其计算内容可以直接为后面分析城市生态版图空间结构提供参考数据；二是由于有目的地构建相同结构的心距层，分析结果可以在不同城市之间进行比较研究。心距层半径大小与心距层数根据研究需要、数据获得能力以及研究城市市域边界来进行确定。在本研究中，考虑到各种用地来源只能精确到各省份，以及义乌与南充市域边界到城市中心的平均直线距离为 15km 与 25km，制定了 8 个心距层，见表 7-13。在构建 8 个心距层的基础上，把分布于各心距层上的用地进行统计，就可以获得各种用地在 8 个心距层的空间分布，义乌与南充的统计结果见表 7-14、表 7-15。

7.4.2 心距计算

通过前面的分析与统计，义乌的生物、建设、能源用地心距分别为 588km、0km、1685km，而南充的生物、建设、能源用地心距分别为 329km、0km、1182km，义乌的生物用地与能源用地心距都比南充大。在城市生态版图心距层次，义乌生态版图心距是 1073km，而南充生态版图的心距为 644km，见表 7-16。义乌能源用地心距比南充大 503km，生物用地心距比南充大 259km，生态版图心距比南充大 429km，这说明义乌城市发展所需要的生态资源，特别是生物资源与能源需要运输的距离比南充长，即所需要资源的生产地与消费地的空间距离比南充大。

心距层数据 （km） 表 7-13

心距层		第一层	第二层	第三层	第四层	第五层	第六层	第七层	第八层
心距	义乌	15	100	500	900	1300	1700	2100	2500
	南充	25	100	500	900	1300	1700	2100	2500
	义乌	15	85	400	400	400	400	400	400
	南充	25	75	400	400	400	400	400	400

义乌总体用地在各心距层的空间分布（全球公顷 / 人） 表 7-14

序号	心距层 用地类别	总计	第一层	第二层	第三层	第四层	第五层	第六层	第七层	第八层
1	生物用地	106.93	54.77	9.61	9.94	6.31	5.19	10.45	1.79	8.87
2	建设用地	6.42	6.42	0.00	0.00	0.00	0.00	0.00	0.00	0.00
3	能源用地	95.79	6.36	0.94	5.00	8.36	10.29	16.00	29.16	19.68
—	合计	209.14	67.55	10.55	14.94	14.67	15.48	26.45	30.95	28.55

南充总体用地在各心距层的空间分布（全球公顷 / 人） 表 7-15

序号	心距层 用地类别	总计	第一层	第二层	第三层	第四层	第五层	第六层	第七层	第八层
1	生物用地	103.33	68.44	10.41	9.46	2.97	1.11	0.58	4.67	5.69
2	建设用地	3.35	3.35	0.00	0.00	0.00	0.00	0.00	0.00	0.00
3	能源用地	64.45	6.50	3.40	9.75	18.47	4.23	7.34	2.01	12.75
—	合计	171.13	78.29	13.81	19.21	21.44	5.34	7.92	6.68	18.44

◎ 7.5 城市生态版图绘制

7.5.1 城市生态版图底图

城市生态版图底图绘制的目的是使城市各种用地的空间格局能清楚地表现出来，其内容结构根据研究需要的变化而变动。根据研究需要，本次城市生态版图底图主要包括以下内容：中国行政边界（局部）、坐标原点

义乌与南充心距 (km) 表 7-16

序号	用地类别	心距	
		义乌	南充
1	生物用地	588	329
2	建设用地	0	0
3	能源用地	1685	1182
合计	—	1073	644

（即城市核心区）、横纵坐标（体现心距）、市域边界、省域边界、心距层（即以坐标原点为中心，以不同心距为半径形成的若干同心圆，在前面心距计算部分已有详细介绍）。义乌与南充的城市生态版图底图有两个主要差别：①坐标原点不一样（义乌的坐标原点是东经 120° 4′，北纬 29° 17′，而南充是东经 106° 13′，北纬 31° 13′）；②第一个心距层半径不同，义乌为 15km，而南充为 25km（因为义乌与南充市域边界到城市中心的平均距离约为 15 ～ 25km）。

7.5.2 小类用地城市生态版图绘制

在已准备城市生态版图底图的基础上，把各种生物、建设、能源三类用地的构成小类用地落在底图上，就可获得义乌与南充小类用地城市生态版图。义乌与南充的部分小类用地城市生态版图如图 7-1 所示。

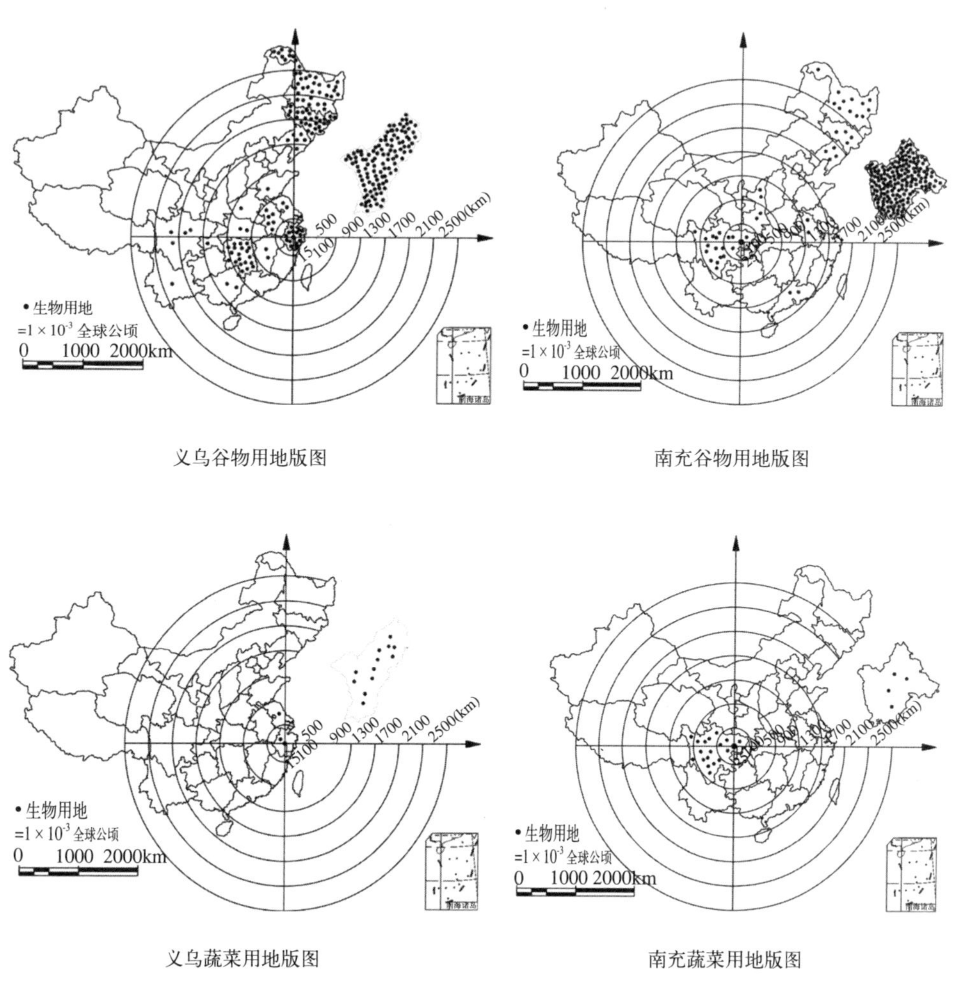

⊗ 图 7-1　义务和南充部分小类用地城市生态版图（一）

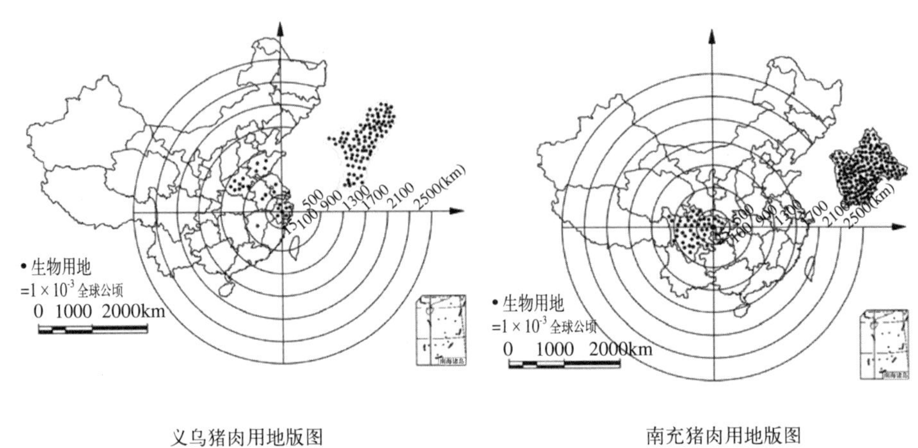

图 7-1 义乌和南充部分小类用地城市生态版图（二）

7.5.3 分类（中类）用地城市生态版图绘制

在已准备城市生态版图底图的基础上，把建设、能源、生物三类用地落在底图上，就可获得义乌与南充分类(中类)城市生态版图。义乌与南充的分类(中类)用地城市生态版图如图 7-2 所示。

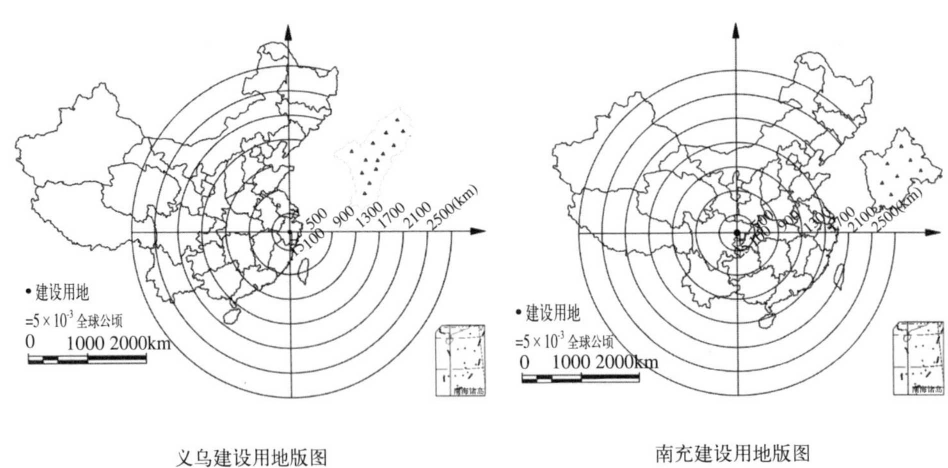

图 7-2 义乌与南充的分类用地城市生态版图（一）

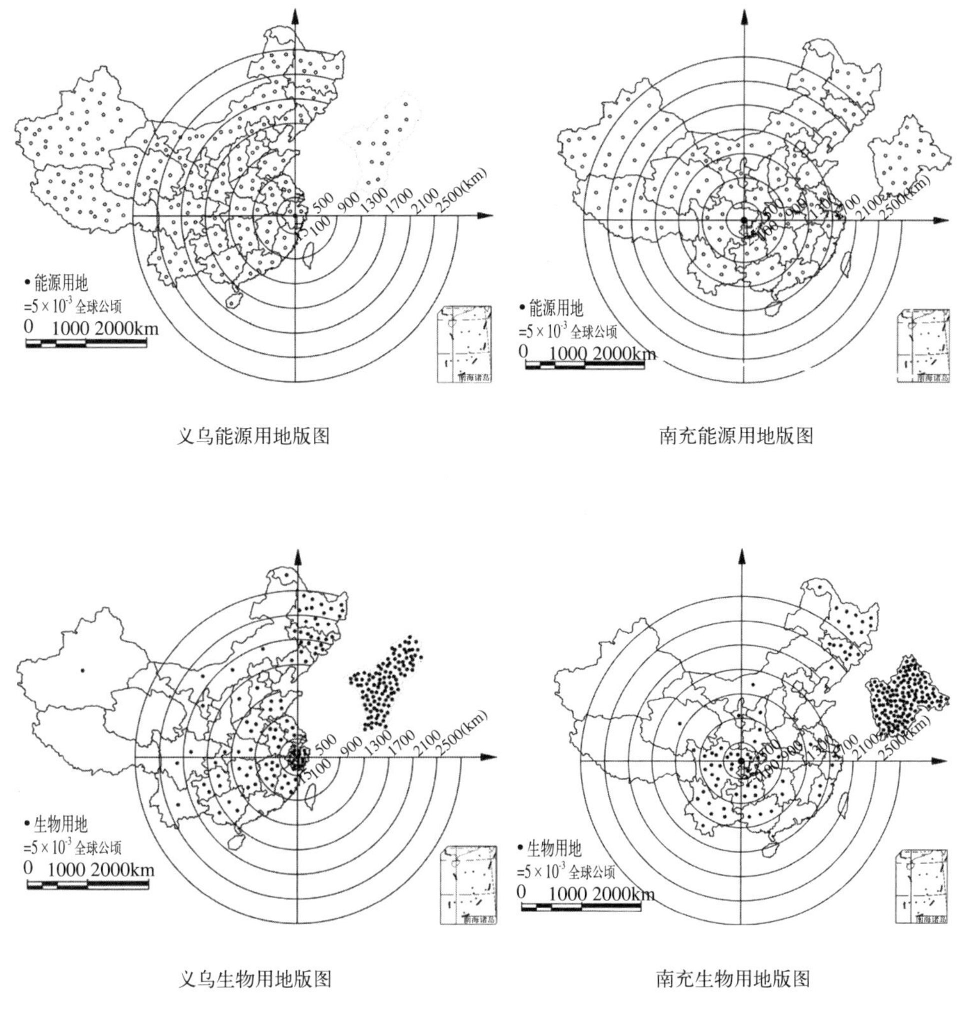

义乌能源用地版图　　南充能源用地版图

义乌生物用地版图　　南充生物用地版图

图 7-2　义乌与南充的分类用地城市生态版图（二）

7.5.4　城市生态版图绘制

在已准备城市生态版图底图的基础上，把生物、建设、能源三类用地归一化，并落在底图上，就可获得义乌与南充分类城市生态版图。义乌与南充的城市生态版图分别见图 7-3 与图 7-4。

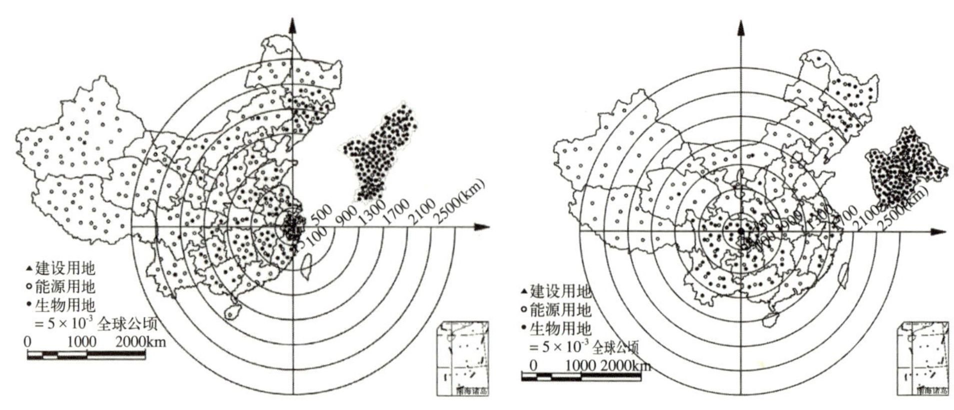

图 7-3　义乌城市生态版图

图 7-4　南充城市生态版图

第8章

基于城市生态版图理论分析的城市发展策略

通过城市生态版图理论的探索，以及结合城市、区域发展相关理论，寻找实现城市生态版图价值目标的区域与城市发展策略，是本章的核心内容。需要特别指出的是，基于城市生态版图理论分析而提出的发展策略在应用于实践时也许带有局部性，这是由于城市生态版图理论只是分析城市的一种新途径，以及分析基础条件的理想化，提出的是基于城市生态版图理论价值目标的发展策略，并不一定适用于所有城市，所以在运用时要视具体而制定相应策略。

◎ 8.1 城市生态版图理论的基本观点

8.1.1 城市生态版图客观存在及其空间结构动态性、合理性

城市发展消费的各种生态系统服务在地球表层土地形成一定的空间格局，这种格局由生物用地、建设用地、能源用地、水用地、氧用地等一系列的生态版图用地共同构成。在利用生态足迹技术的基础上，对生物用地、建设用地、能源用地三种用地归一化成统一的土地空间单位。在此基础上，通过理论与实证研究相结合，把三种用地落在其产生地，从而在地球表层土地形成特定的空间格局，证明了城市生态版图存在的客观性。

通过对城市生态版图空间结构的实证研究表明，城市生态版图用地不仅分布于城市行政区范围内，同时也大量分布在城市行政区外部；同时，随着城市内外部条件的改变，城市生态版图用地的空间结构与边界也会随着变动。初步结论是城市生态版图空间结构与边界具有动态性。城市发展消费的各种生态系统服务是全球性的，但城市可以从其可以支配的空间范围来研究与构建其合理的城市生态版图，即城市存在其合理的城市生态版图。

8.1.2 城市发展消费通过城市生态版图影响到全球生态系统

城市发展由建设用地、生物用地、能源用地、水用地、氧用地，或可能更

多的用地类型来共同支撑，城市发展的空间思考应从片面性与局部性的城市建设用地分析层次转向系统性与整体性的城市生态版图分析。城市发展所需要的生态资源在全球范围内流动，一方面，城市发展所需要的大量生态资源依靠城市外部系统的输入，同时，城市内部的所有生态资源并非都被城市所消费，所以城市发展消费通过城市生态版图与各城市相互交流，并通过城市生态版图影响到全球生态系统。

8.1.3 城市生态版图动态会影响到城市四个方面的生态效应

本研究提出城市生态版图心距概念，其定义是各种生态资源从生产地到消费地之间的空间直线距离，即城市生态版图各种用地与城市中心的空间直线距离，城市生态版图的动态过程就会导致其心距的改变，而心距的改变是反映城市生态版图空间结构变化最为综合与直接的指标。心距越大，生态资源从产地到城市的距离越长，生态版图的空间范围越大；生态版图空间模式由生态资源的自然空间分布与生态资源种类决定，不同的生态版图空间模式会直接影响到生态版图心距。

生态版图扩张，心距变大，生态资源空间运输成本提高，生态效应下降；生态版图扩张，心距变大，生态版图面积总量提高，生态储备丰度下降，城市生态质量下降；生态版图扩张，心距变大，空间运输时间与距离拉长，生态风险增大，城市生态安全下降；最后，生态版图扩张，心距变大，形成生态资源跨区域占用，从而导致区域间城市生态消费与利用不公平。

8.1.4 城市发展的生态伦理观有待建立

城市生态版图理论核心观点认为生态版图极度扩张与收缩，即生态版图面积超过或小于行政版图面积，从而造成的生态外泄与生态外侵型城市都存在潜在危险，生态外泄型城市有生态环境恶化的潜在可能，生态外侵型城市存在生态安全风险与生态成本增高的可能。生态环境的恶化与生态安全风险的增高都有摧毁城市的可能，而现实中有生态外侵城市，必有生态外泄城市，若不加以控制，出现生态版图极度扩张与收缩，就可能出现城市生态灾难。发达城市生态资源利用效率高，而落后城市生态资源利用效率低，实现生态资源从落后城市流向发达城市，市场配置体现了其对资源利用的高效性，但生态资源的必需性与生态资源的可超度使用性要求生态资源分配要具有均匀性才能实现资源、人口、环境发展的协调性。生态资源市场配置的高效性与生态资源分配的均匀性相互矛盾，在市场作用下，结果是生态资源市场配置下的利用高效性，而生态资源分配均匀性下的非生态性，也就是生态赤字全球化背景下生态资源市场配置有效性的非生态性。这时候，若城市存在生态偏好追求，以及经济实力允许的条件下，城市就会把本是以生产为目的优良农用地做成以追求景观与生态效果为目的的景观用地，形成美丽的后花园，即本文提出的"后花园效应"。以义乌为例，在其城市周围存在大量荒废三四年的农用田。虽然现在的义乌还没有表现出生态环境好转的迹象，那是因为城市的生态偏好追求与经济实力还没有达到相应程度，特别是生态偏好这种高境界的生态追求，是需要城市人文精神、历史等软条件同步发展达到相应的水平才具有的。所以可以初步判断，当义乌经济与文化发展到一定程度，其会出现"后花园效应"。

从义乌与南充城市的发展来看，义乌完全有能力从外部获得城市发展所需要的生态资源，因为它的生态占用效能高，即可以通过高价在市场中获得相应的生态资源；而南充的生态占用效能低，当面临全球生态赤字时，城市不但在外部市场中竞争不到生态资源，连城市内部生产的生态资源也往外流，城市只能通过超度使用土地来满足生态资源的缺口，造成的结果就是城市生态环境的恶化。另一方面，义乌由于具有比较高级的产业与人力资源，如第三产业非常发达，劳力更多地愿意从事收入相对高的资本或技术型产业，不愿意从事收入相对低的土地依赖型的农业，造成其耕地的荒废，反过来就更加依赖外部西部、东北城市与地区，导致其生态环境的更加快速恶化。综合分析，生态资源的市场配置存在生态的非合理性，建立城市发展的生态伦理观来进行解决纯市场存在的问题，是一条可能的途径。

若以义乌代表东部发达地区，而以南充代表西部相对落后地区，那么东部地区的土地胁迫远远小于西部地区，东部发达地区可能实现其环境好转的库兹涅茨曲线的拐点，而西部相对落后地区不可能实现其环境好转。落后城市生态资源流向发达城市，发达城市自身的生态系统得到有效的保护，从而其环境日益优美，也就是走向环境库兹涅茨拐点[1][2]；而落后城市由于生态占用外部性竞争力弱，成为生态资源出口城市，生态环境日益恶化，不能走向环境库兹涅茨拐点，最后的结果是出现城市生态质量发展的二元分化[3]。

◎ 8.2 城市生态版图理论对城市发展指导的价值目标

通过对城市生态版图理论的探索，理清了城市生态版图空间结构动态性的

[1] 苏美蓉，杨志峰，胡廷兰．城市生态危机的经济学根源分析 [J]. 环境科学与技术，2007，30（3）：45-48.

[2] 于峰．环境库兹涅茨曲线研究回顾与评析 [J]. 经济问题探索，2006（8）：4-12.

[3] 胡聃，许开鹏，杨建新等．经济发展对环境质量的影响 [J]. 生态学报，2004，24（6）：1259-1266.

动力机制与生态效应之间存在的关系；通过实证研究，初步形成了城市客观存在城市生态版图、城市生态版图空间结构具有动态性与城市存在合理性生态版图等结论。根据这些结论，结合区域与城市发展的一般理论，总结形成以下城市生态版图理论对城市发展指导的价值目标与目标实现的途径。

8.2.1 价值目标

城市发展直接导致城市生态版图空间结构的动态性，而城市生态版图空间结构的动态性又会产生一系列的生态效应，所以城市生态版图的价值导向是在城市生态持续性发展的基础上，实现城市发展的生态正面效应。价值目标具体为：①优质的生态质量；②零值的生态风险；③公平的生态消费。

8.2.2 目标实现途径

通过生态版图空间结构动态性的生态效应机制的研究可知，城市生态版图心距的大小与城市生态质量、生态安全、生态公平存在密切联系，因此调节城市生态版图心距是实现城市生态版图价值的途径。同时，城市生态版图空间结构动态性与不确定性决定了其空间不仅分布于城市行政区范围内，同时也大量分布于行政区范围外，其空间结构动态性不仅受到城市内部因素的影响，如城市职能的转变、社会经济文化要素、交通条件以及相关政府政策与规划控制的改变，也受到城市外部因素的影响，诸如信息化、全球化、区域经济一体化等城市发展宏观背景。城市生态版图空间结构的形成是一个由外因和内因相互作用的复杂过程，是在内因与外因的交互影响下逐步形成的。因此，城市生态版图心距的调控不仅从城市内部来研究相关发展策略，即城市发展策略，同时也需要从外部环境来研究相关发展策略，即区域发展策略。

◎ 8.3 城市发展策略

8.3.1 城市空间发展策略

城市空间发展策略就是以优质的生态质量、零值的生态风险、公平的生态消费为价值目标，以减小心距为实现途径，对城市空间发展进行分析，提出城市空间发展的策略，策略分别为：①保护城市生态服务供给地安全策略；②城市多属性的构建策略。

1. 保护城市生态服务供给地安全策略

保护城市生态服务供给地安全，目的是确保城市生态服务供给地与城区之间的距离保持在一定的安全范围之内，从而城市获得生态服务资源的安全。城市生态服务地包括水源生态服务地、氧源生态服务地、能源生态服务地、食物生态服务地等，特别是一些对城市具有不可替代生态功能的地域，例如上海的淀山湖、昆明的滇池、济南市的南部山区，这些地域称之为城市生态命源区，保护此地域对城市持续性发展具有重要意义，所以在做城市空间规划时，更多的是考虑一些不可代替的生态服务功能的供给地保护，例如水源生态服务地、氧源生态服务地。

2. 构建功能差异化的多空间中心策略

城市生态命源区保护的目的是保护城市重要的生态功能区，使其心距不增加，是一种基于现状自然生态格局的保护。而城市多空间属性中心构建按不同生态资源的来源方向、方式及数量，通过构建多属性城市空间中心，降低生态资源空间输送距离，达到减少生态版图心距的目的，是一种基于改变人为建设的策略。在构建城市空间中心时，可根据生态资源的不同来源方向与方式选择位置，从而减小心距。构建的基本过程如下：①确定城市生态资源的来源方向、方式及数量；②城市空间中心属性确定；③城市中心空间规划。

①确定城市生态资源的来源方向、方式及数量。生态资源的来源方式分两种：人工式与自动式。人工式是指通过人为交通运输而到达目的地的方式，如能源资源、生物资源；而自动式是指通过自然力量而到达目的地的方式，如氧气、湿汽、负离子、水资源；②城市空间中心属性确定。城市空间中心属性可分为工业中心、商业中心、居住中心、交通中心等，具体要根据城市具体情况确定；③城市中心空间规划。在确定生态资源来源方向、方式、数量及城市中心属性划定的基础上，对城市中心空间进行规划。一般条件下，居住中心与商业中心靠近自动式生态资源来源方向，工业中心与交通中心靠近能源来源方向。

8.3.2 城市人口发展策略

因为人口是消费生态系统服务的主体，故城市人口发展与城市生态版图最为密切，是影响城市生态版图心距最为明显和直接的因素，因而控制城市人口规模是对城市生态版图心距进行调控最为有效的途径。城市人口发展策略主要从城市人口规模与人口构成两方面来进行设计，具体策略分别为人口规模最小法则策略与倒金字塔人才策略。

1. 人口规模最小法则策略

人口规模最小法则策略是指在确定城市人口的合适规模时以城市生态版图与行政版图生态承载力最小者来界定，即当城市生态版图大于行政版图时，以城市行政版图生态承载力来确定城市合适人口规模；城市生态版图小于行政版图时，以城市生态版图生态承载力来确定城市合适人口规模。通过城市生态版图的分析可知，城市生态质量发展方向由城市生态储备丰度来决定，而城市的生态承载力由城市生态版图来决定，而不是由行政版图决定。这就决定了由城市生态版图来决定城市生态质量发展方向，而不是由行政版图来决定。而在生态公平方面，以超过行政版图生态资源总量跨空间生态占用为生态消费不公平，这就决定以城市行政版图来决定生态公平，而不是以城市生态版图来决定。据此，要达到生态公平与生态质量优良发展的城市生态版图价值导向目标，需要以最小法则在城市生态版图与行政版图两者之间选择来确定城市人口规模。

2. 倒金字塔人才策略

倒金字塔人才策略是指城市人口在第三产业就业的人口规模比第一、二产业大的人口结构发展策略。由于第一、二产业对能源、土地、水资源的依赖相对高，而第三产业对技术与资本的依赖相对高，因此相同城市人口规模条件下，与传统第一、二、三产业的正金字塔人口构成相比，倒金字塔人口结构的城市生态版图总量会相对小，但城市生态版图心距相对大。倒金字塔人才策略的核心内涵是提高城市第三产业就业人口规模，减少对能源、土地、水资源过度依赖，减小对土地过度胁迫使用，提高城市生态储备丰度，从而有利于城市生态质量的发展。

技术与资金短边是指在劳动力、技术、资金、资源为四要素的生产关系中，技术与资金相对缺乏，从而过度依赖劳动力与资源的现象。落后城市的经济是以劳动力长边最大限度地替代资金、技术短边，超度地开发土地资源维系的(安虎森，2001)。在落后城市与地区，一方面，资金、技术要素极为稀缺，人均资本存量相对低；另一方面，人口增长很快，几乎每年以固定的速率提供劳动力，劳动力是生产经营者，同时是可以自由支配和控制的唯一的可变要素。因此，在落后城市，每一轮产出都是通过劳动力这一长边最大限度地替代资金、技术这一短边而实现的，也就是通过尽可能地扩大投入劳动力，对土地资源进行超强度开发来实现的。这种生产经营虽然大大降低了劳动生产率，又严重破坏了自然环境，但有时可以扩大产出，即以出口生态资源为主要的农业经济，变成生态外泄型城市，生态资源过度外泄，从而形成生态资源短缺。劳动力长边最大限度地替代资金、技术这一短边，正是落后城市与地区经济运行赖以维系的机制。由于每一轮的经营都是用扩大劳动投入来超强度地开垦有限的土地资源和开发有限的土壤有机质，致使生态环境进一步恶化。而生态环境的恶化，又迫使这些地区投入更多的劳动力。这样，就形成了难以遏制劳动力进一步扩展的恶性循环。其实，贫困地区目前所面临的形势比我们想象的还要严重，不仅经济实力以及人才、科技都无法和较发达地区相比较，而且，可流动资源大量外流，城市生态版图不断萎缩，而环境不断恶化，这对落后城市与地区构成最严重、最直接的威胁。

8.3.3 城市产业发展策略

城市产业有产业规模与产业结构两个方面的内涵，这里讨论的城市产业发展是指产业结构的调整。城市产业发展策略是根据城市内外部生态资源空间分布特点，对城市核心产业有目的有规划地进行选择，从而达到减小城市生态版图心距的目的，具体的策略是以优势生态资源确定核心产业策略。优势生态资源核心的参考指标是此生态资源的总量规模丰富，但城市具有优势生态资源不代表此资源就能形成核心产业，若此生态资源外流的总规模量大，此资源并没有被城市占支配利用，那么此生态资源就不形成城市核心产业。所以只有依据城市优势生态资源构建其产业结构，延深其产业链，实现优势生态资源转化为核心产业，才真正实现城市生态版图心距控制在合适范围内。

8.3.4 城市土地使用发展策略

城市土地使用规划重点是指农业土地的使用规划。土地类型可以分为耕地、林地、草地、水域四种用地类型，通过调整或引导四种用地类型的结构，达到城市行政版图内的土地资源生态资源产出与城市发展所需要的生态资源相对应，从而实现生态版图心距减小的目标。城市土地使用发展策略的分策略为：①多样化土地使用发展。多样化土地使用发展是指城市土地采取多样化利用，满足城市发展所需的各种生态资源，实现自身平衡的生态供需关系。多样化是以供需之间进行平衡为导向，从而降低城市生态资源的内外流动，进而减少生态资源的空间运输。多样化策略在城市规划中主要体现在对建设用地、碳吸收用地、生物生产用地之间的平衡，例如城市绿地的平衡、城市郊区农业产业带的组合、城市土地使用规划平衡等。②平衡化土地使用发展。平衡化土地使用发展的内涵是城市发展所需生态资源应根据自身行政版图内的生态资源生产力来确定，使城市生态占用总量、类型与城市生态承载力相平衡。生态空间供需的平衡就是要在总量与种类上尽可能地使城市对生态空间实现供需的平衡，从而使城市生态版图实现平衡。城市发展所需的生态资源是多样的，城市生态空间所提供的生态资源也是多样的，但不可能是自然地互相吻合，城市规划与管理可以发挥协调作用。

◎ 8.4 区域发展策略

提高城市生态版图收缩力的途径其实质是提高空间转移成本，这种转移成本不仅包括传统的运输成本、时间成本，同时也包括由于生态资源空间转移而造成的社会问题成本，如公平问题、伦理问题、政治问题成本，把这些由于生态资源空间转移而形成的社会问题成本加到生态资源空间转移成本中，可以提高收缩力，从而提高生态消费的公平与生态资源市场配置的高效性。提高收缩力的推动力来源于社会力量，特别是代表区域、国家层次大众社会价值观的社会力量，所以这些策略需要通过区域或国家行政命令来实现。主要策略有：①生态补偿策略；②尾物外部性内部化策略；③行政空间重构策略；④适度贸易机制策略。

8.4.1 生态补偿策略

城市跨区域生态占用，途径是通过贸易，而贸易总是存在生态不公平。贸易生态不公平指市场价格不能真实反映生态资源价值，形成的原因有多方面，外部性、信息不对称等都会成为原因之一。贸易中存在生态交易不公平，这种不公平持续存在会造成区域局部生态严重外泄，从而导致区域局部生态环境的恶化，而区域生态补偿就是贸易生态不公平补偿的一个措施[1]。

生态补偿（Ecological Compensation）主要是指对生态效益进行经济补偿，即“为了恢复、维持和增强生态系统的生态效益功能，通过对有益或有损于生态服务的行为进行补偿或索赔来提高行为的收益或成本，从而激励有益或有害行为的主体，增加或减少因其行为带来的外部经济或外部不经济，达到保护和改善生态服务的目的”。这一定义涵盖四方面的内容：其一，生态效益补偿是对生态效益产出主体的生态建设和维持成本的补偿；其二，这种补偿可以是赔偿性质也可以是奖励性质；其三，这种补偿的目的是维持和改善生态效益主体提供生态产品；其四，生态效益补偿是对某一具体行为主体的经济补偿。

综上所述，生态效益补偿实质上是通过对特定行为主体进行经济补偿的手段来达到维持和改善生态效益的目的。目前，我国通过中央财政纵向转移支付方式开展的生态补偿主要体现在“退耕还林”、“天然林保护工程”、“退耕还草”和湿地保护等方面，而在区域与区域之间、流域之间、行业与行业之间、经济主体之间的生态补偿仍然处于空白状态。正是由于区域间的生态补偿机制尚未完全建立，而且生态效益的输出地与生态效益的受益地之间的区域发展差距日益加大，导致生态效益输出地的生态建设乏力，输出地不愿意进行生态环境改善，甚至是破坏生态环境，降低生态效益来谋求经济发展。

因此，建立起能协调区际关系、体现社会公平及完善财政转移支付制度的区际生态补偿制度势在必行。在市场经济条件下，实施区域间横向的生态效益经济机制，可以理顺相邻区域间、流域的生态效益关系和经济利益关系，如表 8-1 所示。这对加强区域合作、促进西部发展、增加东部效益、缩小地区差距及推

[1] 李文华，李世东，李芬等．森林生态补偿机制若干重点问题研究 [J]．中国人口、资源与环境，2007，17（2）：13-18.

生态补偿问题的类型各政策途径　　表 8-1

范围	补偿类型	补偿内容	补偿方式
国际补偿	全球、区域和国家之间的生态和环境问题	全球森林和生物多样性保护；污染转移；温室气体排放；跨界河流等	多边协议下的全球购买；区域或双边协议下的补偿；全球、区域和国家之间的市场交易
	流域补偿	大流域上下游间的补偿；跨省界的中型流域的补偿；地方行政辖区的小流域补偿	地方政府协调；财政转移支付；市场交易
国内补偿	生态系统服务补偿	森林生态补偿；草地生态补偿；湿地生态补偿；海洋生态补偿；农业生态补偿；草地生态补偿	国家（公共）补偿财政转移支付；生态补偿基金与生态税；市场交易；企业参与；NGO 捐赠
	资源开发补偿	重要生态功能区补偿；土地复垦；植被修复	受益者付费；破坏者负担；开发者负担

引自：李文华,李世东,李芬等.森林生态补偿机制若干重点问题研究[J].中国人口、资源与环境,2007,17(2):13-18.

动区域协调发展具有重要意义。区域间生态效益的经济补偿是在市场经济条件下的一种社会分工和利益共享，是落实科学发展观、构建和谐社会、促进区域协调发展和实现社会公平的具体要求。建设资源节约型、环境友好型社会，切实保护好自然生态，按照谁开发谁保护、谁受益谁补偿的原则，加快建立生态补偿机制，这样也增加了城市跨区域生态占用的成本，从而达到增大城市生态版图收缩力的目的。

8.4.2 尾物外部性内部化策略

外部性是一个经济学概念，由马歇尔和庇古在 20 世纪初提出，某种外部性是指在两个当事人缺乏任何相关的经济贸易的情况下，由一个当事人向另一个当事人所提供的物品束。曼昆认为外部性是一个人的行为对旁观者的福利的影响。若斯的从“搭便车”正外部性入手和科斯的从外部侵害入手，无非也是指行为对与之交易或目的无关的其他人福利的影响。依据作用效果进行分类：正外部性和负外部性。正外部性，行为人实施的行为对他人或公共的环境利益有溢出效应；负外部性，行为人实施的行为对他人或公共的环境利益有减损效应。现代经济学原理表明，不管是正外部性还是负外部性，其结果都会导致经济活动缺乏效率或者使资源配置远离最优状态，外部性的存在会导致行为主体不能将经济活动的消极或积极的后果完全内部化。实践中，外部性往往是区际矛盾的直接原因。外部性的产生有很多种解决方法与原因，本文提到的尾物空间错位属于环境外部性中的一种。

通过生态承载力理论的分析，生态问题产生的原因之一是尾物的空间错位，即城市只跨空间占用生态资源，而不把尾物放回生态资源生产点，从而造成城市发展的环境外部性。以城市湖泊氮磷富营养化为例，对城市来讲，氮磷过多而造成水土富营养化，是环境问题；而对产生这些氮磷的生态系统来讲，就是营养贫化，是生态问题。那么解决的方法不仅仅是打捞出吸收氮磷的水葫芦并掩埋，那样的话只是解决了城市局部环境问题，而没有解决生态系统营养贫化的生态问题。科学的方法是打捞出吸收氮磷的水葫芦并送回产生这些氮磷的生态系统，而后一步就是所谓的尾物回流复位。

目前解决环境外部性比较成熟的方法是庇古税与排污权交易，尾物空间错位外部性内部化策略就是在这两种方法的基础上，把尾物空间错位回归的成本加入到排污成本中。尾物空间错位造成生态问题的研究还处于空白，而把尾物空间回归的工作更是遥遥无期。尾物空间错位外部性内部化策略只是把解决方案提出来，但由于其机理与一般污染排放不一样，一般污染物排放通过企业就地治理即可，但尾物空间回归不能通过就地治理，需要空间转移，所以对尾物空间错位外部性内部化策略需要不断深入研究探讨。

8.4.3 行政空间重构策略

行政边界调整是一种有效解决心距过大造成的生态风险与生态公平问题的途径。实际上通过行政空间重构策略不是改变了城市生态版图心距，而是去除了行政边界造成的资源利用与管理障碍，从而避免了生态公平、生态风险随着心距在行政边界区域出现的跳跃式发展。通过第 3 章城市生态版图的扩张与收缩生态公平、生态风险效应机制的分析，认为心距在行政版图边界点变化，生态风险与生态公平会出现跳跃式发展。通过行政空间重构策略解决生态不公平是一种被动式途径，适用于由于城市区位、区域政策、重大项目等外部条件作用，得到外部力量的大力推动而快速发展的城市。这些城市的共有特点是空间资源、生态资源完全不能支撑城市发展，行政边界的存在已明显地制约到城市的发展与生态安全，急需行政空间重构，从而获得更大区域资源的支撑。

8.4.4 适度贸易机制策略

生物资源、水资源及其他资源由于因气候、地理、资源禀赋等自然原因，无论在全球范围还是中国国内各区域和城市间的分布都不均衡，有时与城市、区域发展的消费需求存在明显的空间错位，单靠本地资源通常无法完全满足本地所有消费需求，因此南水北调，西气东输成为必然。贸易作为辅助性手段在促进经济发展的同时也实现了生态资源空间流动，互通有无，促进生活水平提高。但无序的、单以经济利益为驱动的贸易流动可能造成局部城市、区域生态资源过度开发，削弱当地赖以生产的自然资本，使此城市、区域生态系统走向不可逆转的衰退。由于城市、区域间贸易而造成局部城市、区域生态系统产出超出其生态系统承载力及其他资源支撑能力问题的解决对策应得到系统研究。目前，对此问题的相对应政策有：1）尝试制定促进生态资源合理流动的城市、区域间贸易政策，采取多样化的经济与行政调控手段，促进生态资源区域配置的经济效率与生态效率的不断提高，合理输出与跨区调用生态资源。例如，加快税收体制改革，促进税收向能源资源税、二氧化碳等污染税转变，刺激企业节能减排与技术革新；制定促进生态资源合理流动的贸易政策，避免从生态退化区无序输出生物质资源，严格管制与惩戒不计资源环境成本、单纯追求经济收益的贸易活动；有效实施生态补偿政策，对重要的生态服务孕育区、生态资源净输出区进行适当的经济和发展机会补偿；2）加强城市、区域间合作，推动生态资源的适度贸易机制。生态问题实际上是生态系统过程的混乱与生态系统结构的破坏，城市、区域间的不合理生态资源贸易实质上是在改变生态系统的过程和局部破坏到生态系统结构，若这种改变超出生态系统自我调整和自我修复能力，那就会造成生态环境问题。因此，城市、区域间应站在大生态系统的角度，建立大生态系统生态资源适度贸易机制，从总量上控制对生态资源的利用程度，控制城市生态版图空间过度扩张，重视城市、区域间贸易中不合理的生态输入和输出问题，减轻贸易对局部生态环境的影响，最终实现城市、区域可持续发展。

第 9 章

城市生态版图应用实践

通过城市生态版图的理论研究，以义乌和南充两个城市作为研究对象，对两个城市的生态版图空间结构进行深入系统研究，总结出城市生态版图理论在城市发展中的普适性发展策略。在此基础上，把这些普适性的发展策略运用到济南市南部山区发展与保护规划，以及楚雄和扶绥两个城市的发展战略规划中，对城市生态版图理论进行实证研究，探讨其在城市规划建设中的有效性和实用性。需要特别指出的是，本书对济南市南部山区、楚雄、扶绥的案例应用分析是在《济南市南部山区保护与发展规划》、《楚雄城市发展战略规划》、《扶绥城市发展战略规划》项目的基础上对城市生态版图理论的尝试性实践应用，分析形成的观点和提出的规划策略只代表城市生态版图理论的观点，不代表规划项目本身的观点。

◎ 9.1 义乌与南充城市发展研究案例

义乌与南充在地理位置具有相当高的可比性，两个城市各处于中国版图的东西部，纬度相近，义乌介于东经 119° 49′ ~ 120° 17′、北纬 29° 2′ ~ 29° 33′之间，南充介于北纬 30° 35′ ~ 31° 51′，东经 105° 27′ ~ 106° 58′之间，见两市区位图 9-1 和现状图 9-2 所示。

9.1.1 城市发展概况

义乌 [1] 位于金衢盆地东部，东邻东阳，南接永康、武义，西连金华、兰溪，北接诸暨、浦江，地处浙江省地理中心。义乌市域南北长 58.15km，东西宽 44.41km，土地总面积 1105km^2；至省会杭州仅 108km，距杭州萧山国际机场仅

[1] 义乌为县级市，而南充为地级市，南充人口规模与土地面积规模约是义乌的 10 倍左右，为了使义乌与南充研究结果具有可比性，南充市的研究范围为嘉陵区、顺庆区、高坪区三区，不包括其管辖的县。2007 年人口约为 191 万，面积为 2537km^2，城市化率为 30%，与义乌处于相近水平。

1小时车程，距宁波国际深水港仅1.5小时车程。义乌东、南、北三面环山，地势自东北向西南缓降，构成一个南北长、东西短的长廊式盆地；地貌以丘陵为主，丘陵占34.40%，河谷平原占23.73%，低中山地占23.48%，岗地占18.39%；义乌市属亚热带季风气候，光热资源丰富。河流属钱塘江水系，境地内最长的河流义乌江。改革开放以来，义乌坚持和深化"兴商建市"发展战略，以培育、发展、提升市场为核心，大力推进工业化、国际化和城乡一体化，走出了一条富有自身特色的发展之路。

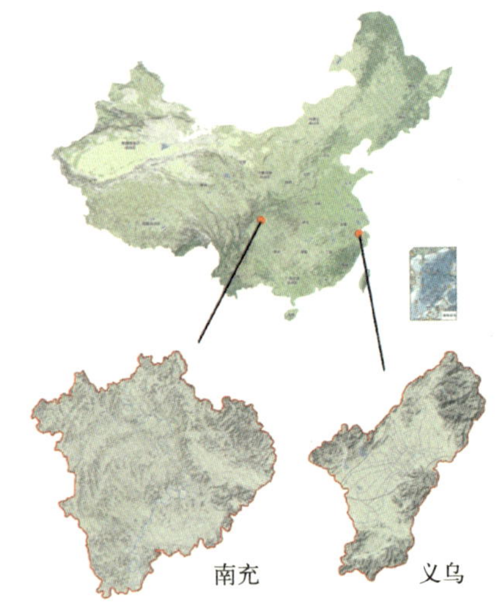

图9-1 义乌与南充区位图

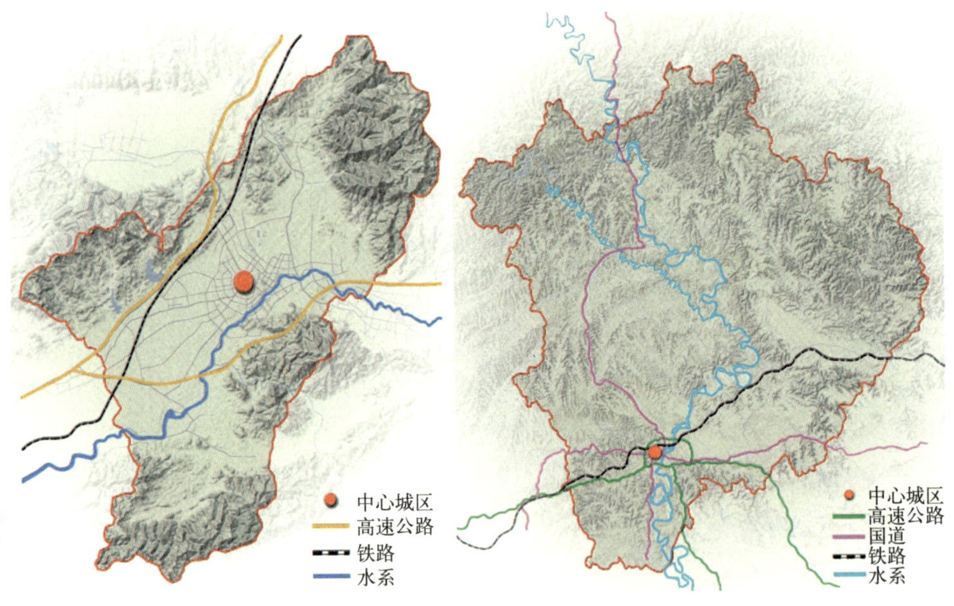

图9-2 义乌（左）与南充（右）现状图

义乌市地处浙江中部，是浙江中部重要的交通枢纽。境内有沪杭衢、金甬等高速公路、浙赣铁路贯穿义乌，公路、铁路、航空交通体系完善，拥有全国各地大中小城市的物流运输网络，综合区位优势明显。市域对外交通以公路和铁路为主体框架，航空运输依托义乌机场。义乌机场为4C机场，主要发往北京、深圳等国内各大城市，是浙中地区唯一的客运机场。

南充市位于四川盆地东北部，嘉陵江中游，南北跨度165公里，东西跨度 143 公里，东邻达州市，南连广安市，西与遂宁市、绵阳市接壤，北与广元市、巴中市毗邻。南充市城区含顺庆、嘉陵、高坪三区，面积为 2537 平方公里。南充市分为北部低山区和南部丘陵区两大地貌单元，地势从北向南倾斜，地貌类型以丘陵为主，浅丘平坝、中丘中谷、高丘低山类型大体各占 1/3。南充土地资源相对贫乏，人均国土面积大大低于全省平均水平。劳动力资源富足，农业资源也比较丰富。南充是我省最早的农业开发区之一，农业发达，农产品资源丰富，是全省的商品粮油基地和著名的“果城”。南充市地表水系较为发达，属于嘉陵江流域，嘉陵江从北向南，纵贯全境，流经阆中、南部、仪陇、蓬安 4 县市和顺庆、高坪、嘉陵 3 区。由嘉陵江干支流冲积而成的平坝，呈串珠状发布于沿江两岸，尤以嘉陵江的一、二级阶地分布最广，水热充足，土质肥沃，灌溉便利，运输方便，是南充市重要的粮食作物和经济作物产地。

南充市把交通枢纽建设作为建设川东北区域中心城市的重要载体和途径，规划通过铁路、高速公路、国道、高等级航道和机场规划建设支撑起南充在四川省次级综合交通枢纽地位。根据规划，近期，力争尽快建成“一纵、三横、两环”高速公路；中远期，着力打通和完善南充与绵阳、南充与西北、南充与重庆远至贵州、南充与川南远至云南等畅达周边地区的快捷通道，形成以南充为中心，由公路、航道、铁路、航空运输联网的连接东西、贯通南北、通江达海的立体交通网络。

义乌与南充的综合比较分析如下：

(1)在城市化率与人口密度方面，义乌与南充具有相似性。从 2000～2007 年，两个城市的人口密度都处于 700 人 /km^2 左右，南充略比义乌高，而两个城市的城市化率从 25% 发展到 35% 左右。

(2) 在建成区人均面积方面，义乌与南充差距大。2007 年，义乌的建成区人均面积为 0.48hm^2，而南充为 0.035hm^2，义乌人均建成区面积约是南充的 10 倍左右。

(3) 在人均 GDP 方面，义乌与南充差距巨大。2000 年与 2007 年，义乌的人均 GDP 分别为 1.78 万元、5.88 万元，而南充分别为 0.38 万元、0.96 万元。2007 年义乌人均 GDP 是南充的 5 倍多。

总体上，义乌与南充在人口规模、建成区面积、城市化率方面本底条件差别不大，但在城市性质、城市产业结构、城市竞争力、城市用地条件上存在巨大差别，见表 9-1、表 9-2。特别是城市的区位，义乌处于东部沿海发达地区，而南充处于西部落后地区，这就决定了义乌与南充城市发展路径与发展问题的差异。

义乌 2000 ~ 2007 年城市发展信息统计　　表 9-1

年份	2000 年	2004 年	2007 年
市域面积 (hm^2)	110500	110500	110500
全市人口	668431	688327	716285
城市人口	136198	197340	217251
农村人口	532233	490987	499034
建成区面积 (hm^2)	2670	5200	7300
绿化率 (%)	30	30	39
耕地面积 (亩)	348757	325639	320730
总 GDP(亿元)	119.24	282.00	420.90

注：义乌的人口数据采用的是户籍人口统计资料。

南充 2000 ~ 2007 年城市发展信息统计　　表 9-2

年份	2000 年	2004 年	2007 年
市域面积 (hm^2)	252700	252700	252700
全市人口	1797628	1839647	1913300
城市人口	429560	567161	583400
农村人口	1368068	1272486	1329900
建成区面积 (hm^2)	3900	4680	6100
绿化率 (%)	34	36	38
耕地面积 (亩)	77366	65087	67272
总 GDP(亿元)	68.07	116.99	183.87

注：南充的人口数据采用的是户籍人口统计资料。

9.1.2 城市生态版图空间结构分析

理论上，空间结构研究分动态研究与静态研究两个层次，动态研究是指对城市生态版图空间结构的不同时间段进行比较，而静态研究只是针对某一特定时间段的城市生态版图空间结构。动态研究更能准确地分析城市生态版图空间结构及其空间过程。由于缺少构建义乌与南充多时间段城市生态版图的基础资料，所以本研究利用 2007 年的数据对义乌与南充的城市生态版图空间结构进行静态研究。

同时，城市生态版图空间结构可以从四个用地层次来进行分析，第一层次为总体用地，即城市生态版图；第二层次为三大类用地，即生物、建设、能源用地；第三层次为中类，例如生物用地中的林地、草地、耕地、水域用地，建设用地中的居住、商业、工业、交通用地；第四层次为小类，例如耕地中用来生产粮食、豆类、蔬菜的用地。总体用地与中类用地层次的空间结构对城市发展具有更加直接的指导作用，下面只分析总体用地与中类用地层次的空间结构。空间结构分析的内容主要包括用地构成、用地空间模式、用地空间分布与用地心距，并以总体用地与中类用地两个层次进行分析，即集中分析城市生态版图和分类城市生态版图。

1. 三类用地空间结构分析

1）建设用地空间结构分析

义乌与南充建设用地的空间模式属于典型的核心型。建设用地由于其不可流动性，所以其心距为零，100% 分布在其行政版图范围内。义乌与南充建设用地空间分布图与分析图见图 9-3 ～图 9-6。

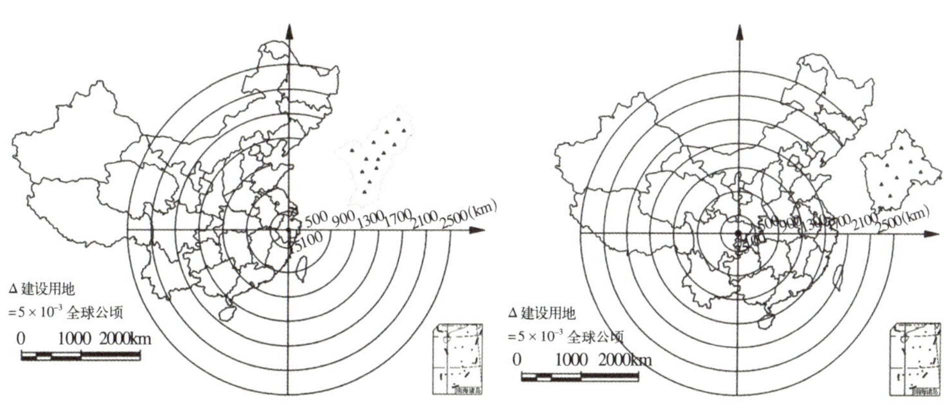

图 9-3 义乌建设用地版图

图 9-4 南充建设用地版图

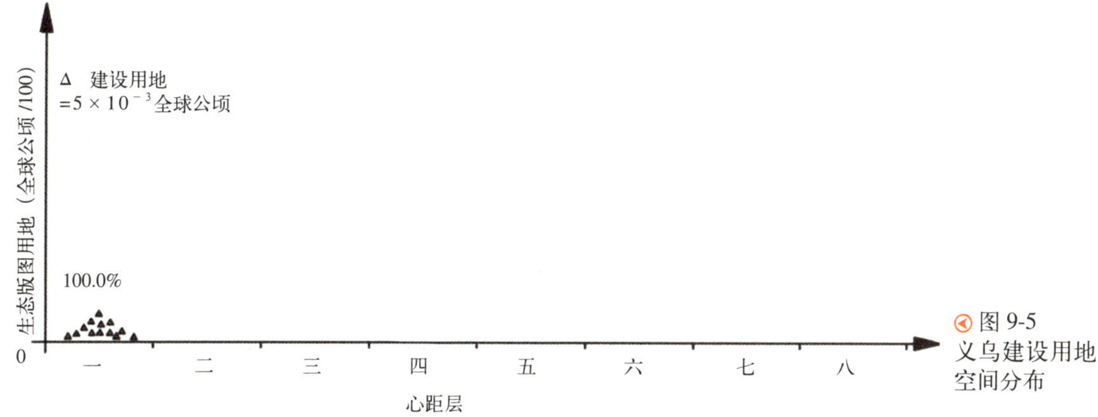

图 9-5 义乌建设用地空间分布

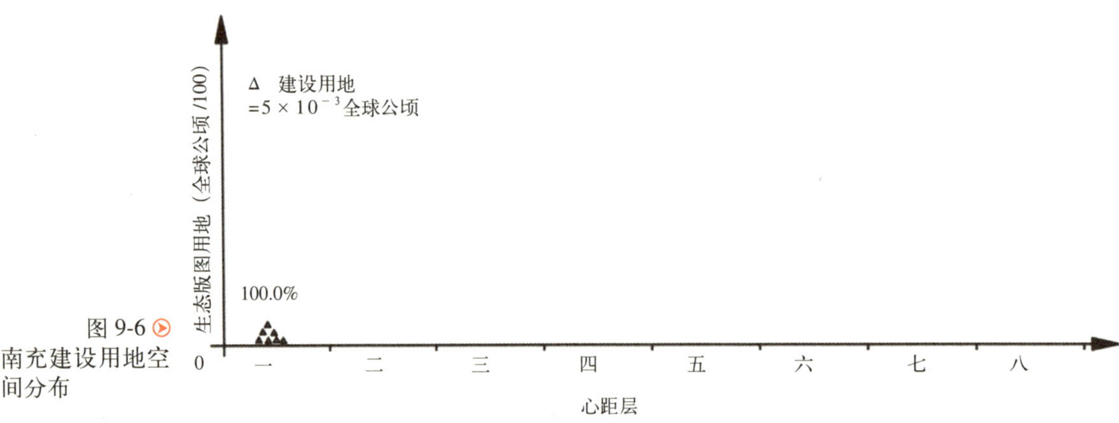

图 9-6 南充建设用地空间分布

2）能源用地空间结构分析

本文采用回路法来统计能源用地空间分布，即通过调查能源使后排放出二氧化碳的吸收用地来统计能源用地空间分布。所以能源用地在空间中的分布从城市核心区向外呈逐渐递减趋势，这就决定了义乌与南充能源用地都属于均匀分布的边缘—飞地型空间模式。

（1）义乌

义乌能源用地心距是 1685km，从第一到第八心距层的空间分布百分比分别为 6.6%、1.0%、5.2%、8.7%、10.8%、16.7%、30.5%、20.6%，义乌本身提供的能源用地仅占其全部能源用地的 6.6%，而 93.4% 的能源用地需要依靠城市外部提供，见图 9-7、图 9-8 所示。

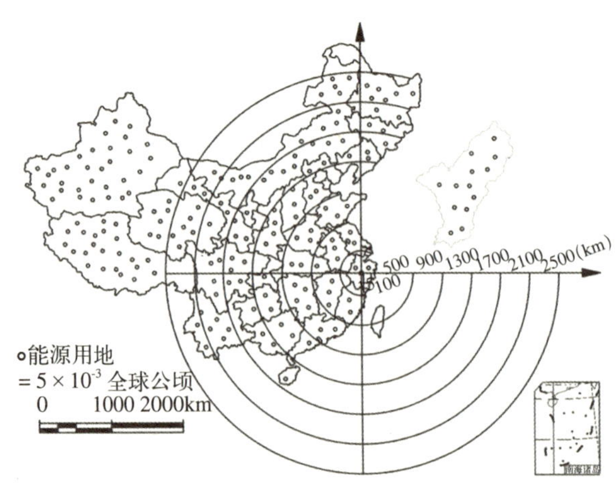

图 9-7 义乌能源用地版图

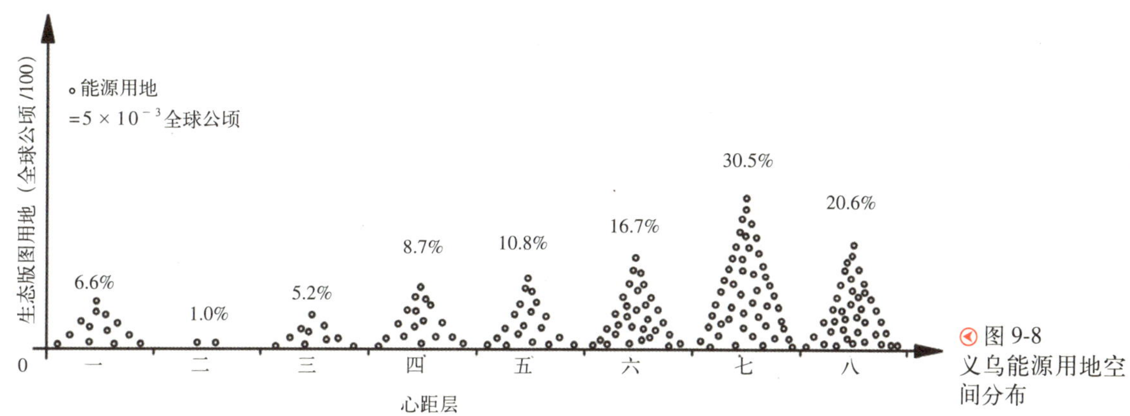

图 9-8 义乌能源用地空间分布

同时，由于义乌地处东部沿海地区，其能源用地只能从西部获得，因而其占到 50% 左右的能源用地分布在半径为 2100km、2500km 的第七、第八心距层，从而使义乌的能源用地心距达到 1685km，比南充高出约 500km。

（2）南充

南充能源用地心距是 1182km，比义乌少 503km。从第一到第八心距层的空间分布百分比分别为 10.1%、5.3%、15.1%、28.7%、6.6%、11.4%、3.1%、19.8%，南充城市内部所能提供的能源用地仅占其全部能源用地的 10.1%，而 89.9% 的能源用地需要依靠城市外部来提供。

由于南充地处西部腹地，其能源用地可以从西部西藏，东部重庆、湖南、湖北，北部青海，南部云南、贵州获得丰富的支撑，因而其 60% 左右的能源用地分布在半径为 900km 以下的第一到第四心距层，见图 9-9、图 9-10 所示。与义乌相比，南充能源用地心距小，城市内部所能支撑的能源用地百分比比义乌高出很多。

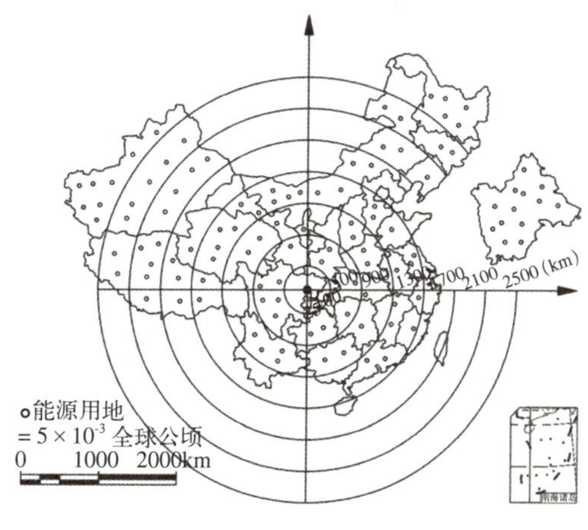

图 9-9 南充能源用地版图

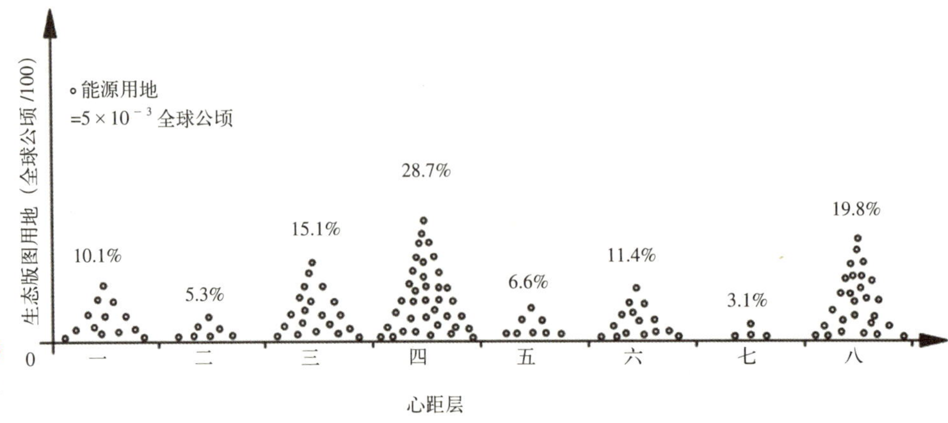

图 9-10 南充能源用地空间分布

同时，南充生物用地比较丰富，并出现 50% 左右的盈余，这些生物用地在能源用地紧缺的时候可以代替能源用地。综合分析，南充的能源用地比义乌丰富，能源用地安全性也比义乌高，同时若能源用地出现紧缺时，南充通过自身内部来解决的能力相对强。

3）生物用地空间结构分析

生物用地空间结构分析是最重要与最有意义的内容之一，这是因为生物用地是城市生态版图最大的用地类型，同时生物用地小类由林地、草地、耕地、水域构成，这些用地类型与现实联系非常紧密，容易辨识与控制，分析结果能很好地为城市管理提供参考依据。

（1）义乌

义乌生物用地属于典型的边缘—飞地型空间模式。这是由构成生物用地四小类用地的空间分布特征所决定的。耕地、林地，几乎每个空间单元都会存在，所以这就决定了其空间分布的均匀性；而草地、水域的空间分布具有很明显的地带性，所以其空间分布呈飞地型。

义乌生物用地心距是 588km，从第一到第八心距层的空间分布百分比分别为 51.2%、9.0%、9.3%、5.9%、4.9%、9.8%、1.7%、8.3%。城市内部所能提供的生物用地占其全部生物用地的 51.2%，而 48.8% 的生物用地需要依靠城市外部来提供。依靠外部支撑的生物用地主要包括提供粮食的耕地、提供木材的林地与提供牛肉、羊肉与奶类的草地，见图 9-11、图 9-12 所示。

（2）南充

南充生物用地属于典型的边缘—飞地型空间模式，这与义乌一样。南充生物用地心距是 354km，从第一到第八心距层的空间分布百分比分别为 66.7%、14.3%、3.8%、3.1%、2.8%、0.4%、3.6%、5.4%，城市内部所能提

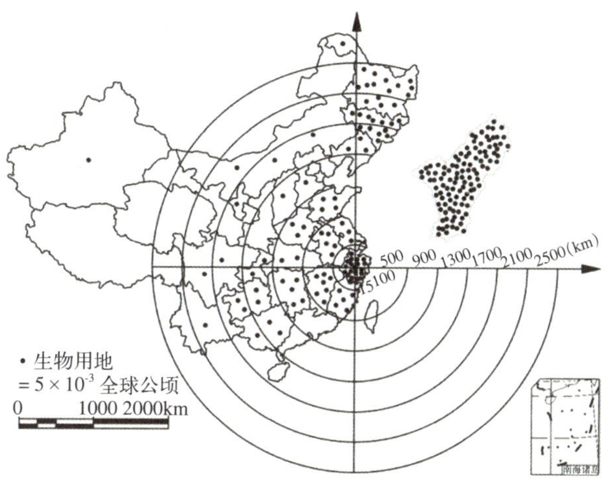

图 9-11 义乌生物用地版图

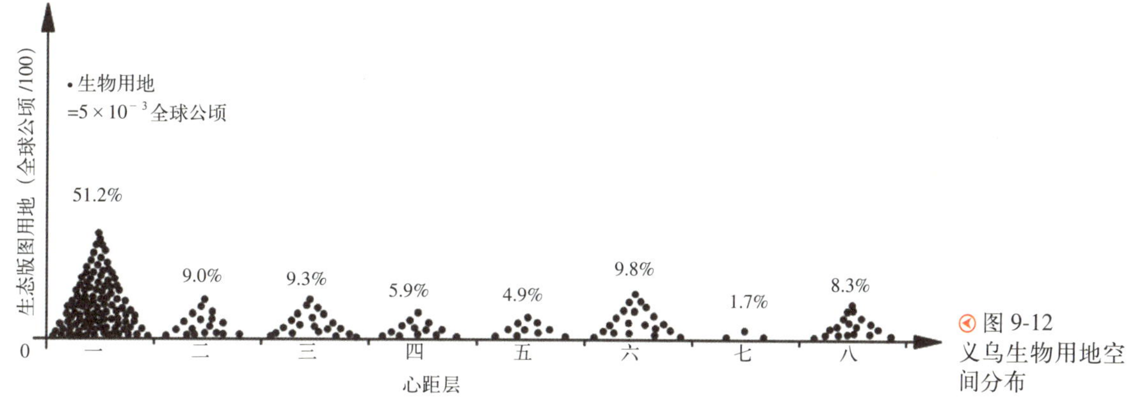

图 9-12 义乌生物用地空间分布

供的生物用地占其全部生物用地的 66.7%，而 33.3% 的生物用地需要依靠城市外部来提供。

南充生物用地心距比义乌小 259km，城市内部所提供的生物用地占总生物用地的百分比比义乌高出 10 个百分点。同时，除了第一心距层以外，义乌生物用地的空间在第二到第八心距层分布是相对均匀的，即使在半径为 1700km、2500km 的第六、八心距层，生物用地分布也不比城市周边的第二、第三心距层少。

与义乌相比，南充略有不同，除第一心距层外，其他生物用地的 50% 分布在半径比较小的第二、第三心距层。说明南充很多生物资源可以在城市周边区域获得，而义乌需要到很远的地方获得，这与南充周边区域市场对生物资源竞争的激烈程度有关，见图 9-13、图 9-14 所示。

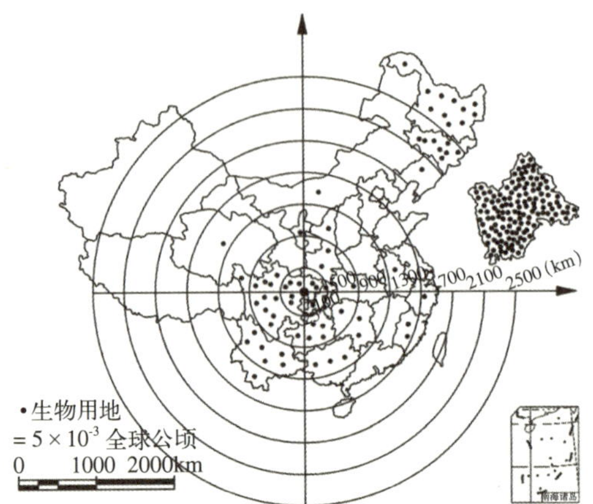

图 9-13 南充生物用地版图

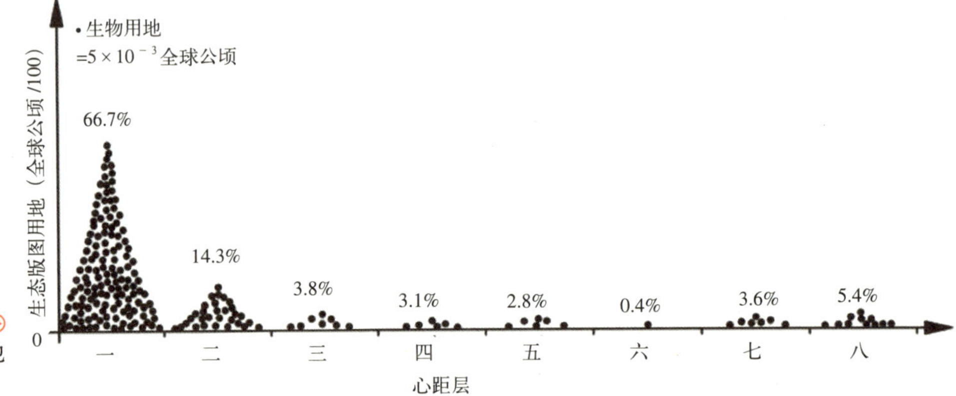

图 9-14 南充生物用地空间分布

2. 城市生态版图空间结构分析

城市生态版图空间结构分析是对城市生态系统服务占用的整体分析，重点分析用地构成与用地空间分布，通过其分析能更清楚城市生态版图的空间结构及空间过程。

1）义乌

由于综合了建设、生物、能源三种用地的空间结构，义乌与南充一样，城市生态版图已经不具有鲜明的空间模式。义乌生态版图心距是 1073km，从第一到第八心距层的空间分布百分比分别为 32.3%、5.0%、7.1%、7.0%、7.4%、12.7%、14.8%、13.7%。

除了第一心距层以外，义乌总体用地空间分布在第二到第八心距层是相对均匀的。城市内部所能提供的用地占其总体用地的 32.3%，而 67.7% 的用地需要依靠城市外部来提供。依靠外部支撑的用地主要是吸收二氧化碳的能源用地与提供生物资源的生物用地，见图 9-15、图 9-16 所示。

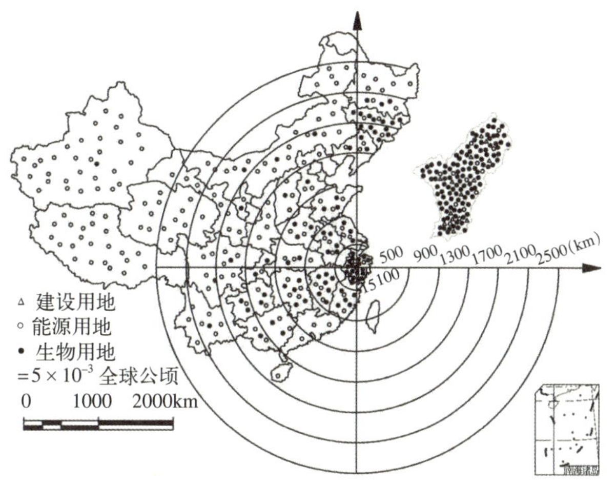

图 9-15
义乌城市生态版图

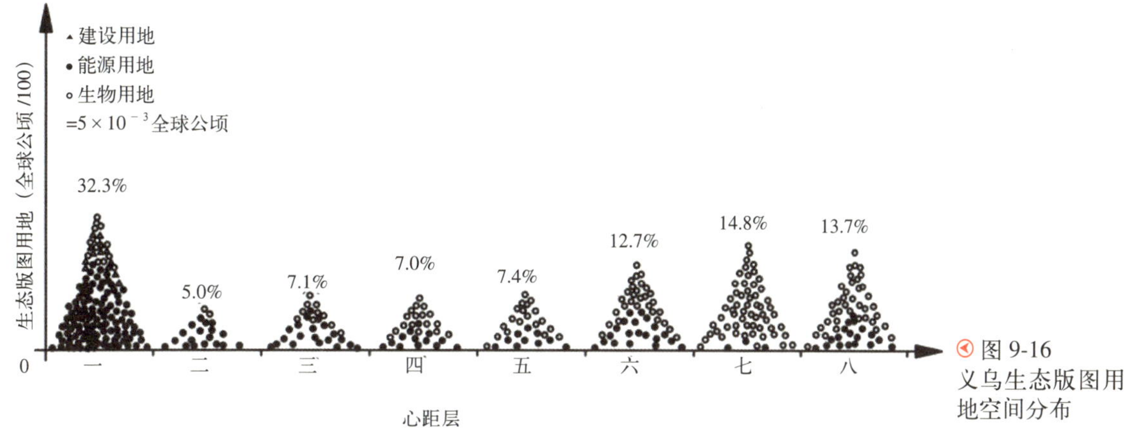

图 9-16
义乌生态版图用地空间分布

2）南充

南充城市生态版图心距是 644km，从第一到第八心距层的空间分布百分比分别为 45.8%、8.1%、11.2%、12.5%、3.1%、4.6%、3.9%、10.8%。南充总体用地的近 80% 都集中分布在第一到第四心距层。城市内部所能提供的用地占其总体用地的 46.0%，而 54.0% 的用地需要依靠城市外部来提供。

南充生态版图心距比义乌小 429km。城市内部所提供的用地占总体用地的百分比比义乌高出 14 个百分点。除了第一心距层以外，义乌总体用地空间分布在第二到第八心距层是相对均匀的。同时，南充 78% 左右的用地集中分布在第一与第四心距层之间，而义乌仅有约 51% 的用地分布在第一与第四心距层之间，见图 9-17、图 9-18 所示。

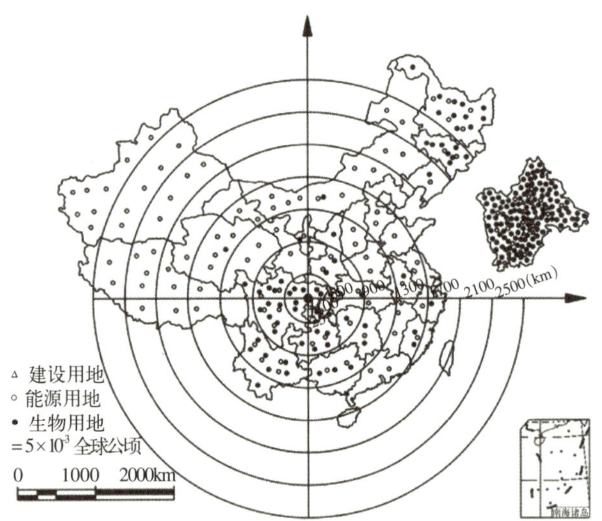

图 9-17 南充城市生态版图

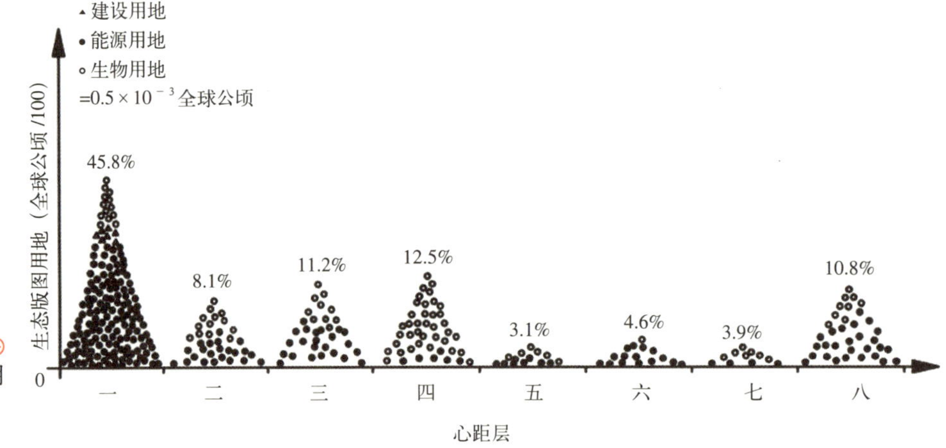

图 9-18 南充生态版图用地空间分布

综合分析，南充很多生物资源可以在城市周边区域获得，而义乌需要到很远的地方获得，这与南充周边区域市场竞争相对较弱，而义乌周边市场竞争激烈有关。

3. 城市生态版图用地平衡分析

对城市生态版图的用地需求量和城市行政版图所能提供的用地进行比较，如果城市生态版图用地需求量小于供给量，那么就是用地盈余，表明城市发展所需要的生态系统服务处于区域土地供应能力范围之内，区域生态系统处于安全状态；如果城市生态版图用地需求量大于供给量，那么就是用地赤字，表明城市发展所需要的生态系统服务超过区域土地供应能力范围，要满足现有城市发展的消费需求，要么通过消耗自身的自然资源，要么从区域之外进口所欠缺的资源来弥补生态足迹供给量的不足，区域生态系统处于不安全状态。

用地平衡分析分两个层次：考虑流通率的用地平衡分析与不考虑流通率的用地平衡分析。不考虑流通率的用地平衡分析是指将城市行政版图内可支配与非可支配的所有土地量与城市生态版图的用地需求量进行比较分析，而考虑流通率的用地平衡分析是指只将城市行政版图内可支配的土地量与城市生态版图的用地需求量进行比较分析。

1）不考虑流通率的用地平衡分析

（1）生物用地平衡分析

义乌生物用地需求量为 1.07 全球公顷 / 人，城市内部生物用地供应量为 0.85 全球公顷 / 人，生物用地赤字为 0.22 全球公顷 / 人，生物用地需求量的 79.3% 由城市内部提供，20.7% 需要外部提供；而南充城市生态版图生物用地需求量为 1.03 全球公顷 / 人，城市内部生物用地供应量为 1.61 全球公顷 / 人，生物用地盈余 0.57 全球公顷 / 人，生物用地需求量的 100% 由城市内部提供，见表 9-3、表 9-4 所示。

义乌 2007 年用地平衡表（不考虑 *R*）（全球公顷 / 人）　　表 9-3

用地类型	供给	需求	赤字 / 盈余	内部支撑（%）
生物用地	0.85	1.07	-0.22	79.3
建设用地	0.06	0.06	0.00	100.0
能源用地	0.06	0.96	-0.90	6.7
总体	0.97	2.09	-1.12	46.7

南充 2007 年用地平衡表（不考虑 *R*）（全球公顷 / 人）　　表 9-4

用地类型	供给	需求	赤字 / 盈余	内部支撑（%）
生物用地	1.61	1.03	0.58	155.4
建设用地	0.03	0.03	0.00	100.0
能源用地	0.07	0.64	-0.57	10.1
总体	1.71	1.70	0.01	99.7

(2) 建设用地平衡分析

义乌与南充一样，其建设用地 100% 由城市内部提供，所以其用地总是处于平衡状态。要预测其用地走向，还需要分析耕地用地存量，这是因为在判读城市内部建设用地时，其判读标准与耕地相同，即耕地与建设用地之间可以直接替代。从目前来看，义乌与南充的建设用地面积还不到其耕地面积的 20%，所以建设用地还存在扩展空间。

(3) 能源用地平衡分析

义乌能源用地需求量为 0.96 全球公顷 / 人，城市内部能源用地供应量为 0.06 全球公顷 / 人，能源用地赤字为 0.90 全球公顷 / 人，能源用地需求量的 6.7% 由城市内部提供，93.3% 需要外部提供；南充能源用地需求量为 0.64 全球公顷 / 人，城市内部能源用地供应量为 0.07 全球公顷 / 人，能源用地赤字为 0.57 全球公顷 / 人，能源用地需求量的 10.1% 由城市内部提供，89.9% 需要外部提供。

(4) 总体用地平衡分析

义乌总体用地需求量为 2.09 全球公顷 / 人，城市内部供应量为 0.98 全球公顷 / 人，总体用地赤字为 1.11 全球公顷 / 人，总体用地需求量的 46.7% 由城市内部提供，53.3% 需要外部提供；南充总体用地需求量为 1.71 全球公顷 / 人，城市内部 99.7% 供应，约有 0.3% 需要外部供应。综合分析，义乌用地比南充相对紧张。两个城市的建设用地与能源用地结构没有太大区别，主要区别在于生物用地，义乌出现大量赤字，而南充则出现大量盈余。

2) 考虑流通率的用地平衡分析

考虑流通率的用地平衡分析与不考虑流通率的用地平衡分析的最大区别主要体现在生物用地平衡分析，而建设用地与能源用地由于没有流通率，所以不会影响到其用地平衡分析。

(1) 生物用地平衡分析

义乌生物用地需求量为 1.07 全球公顷 / 人，城市内部生物用地供应量为 0.55 全球公顷 / 人，生物用地赤字为 0.52 全球公顷 / 人，生物用地需求量的 51.2% 由城市内部提供，48.8% 需要外部提供；而南充城市生态版图生物用地需求量为 1.03 全球公顷 / 人，城市内部生物用地供应量为 0.68 全球公顷 / 人，生物用地赤字为 0.35 全球公顷 / 人，生物用地需求量的 66.2% 由城市内部提供，33.8% 需要外部提供，见表 9-5、表 9-6 所示。

(2) 总体用地平衡分析

义乌总体用地需求量为 2.09 全球公顷 / 人，城市内部供应量为 0.68 全球公顷 / 人，总体用地赤字为 1.42 全球公顷 / 人，总体用地需求量的 32.3% 由城市内部提供，67.7% 需要外部提供；南充总体用地需求量为 1.71 全球公顷 / 人，

义乌 2007 年用地平衡表 (考虑 *R*) (全球公顷 / 人) 表 9-5

用地类型	供给	需求	赤字 / 盈余	内部支撑（%）
生物用地	0.55	1.07	-0.52	51.2
建设用地	0.06	0.06	0	100.0
能源用地	0.06	0.96	-0.89	6.7
总体	0.68	2.09	-1.42	32.3

南充 2007 年用地平衡表 (考虑 *R*) (全球公顷 / 人) 表 9-6

用地类型	供给	需求	赤字 / 盈余	内部支撑（%）
生物用地	0.68	1.03	-0.35	66.2
建设用地	0.03	0.03	0.00	100.0
能源用地	0.07	0.64	-0.57	10.1
总体	0.78	1.71	-0.93	46.0

城市内部 46.0% 供应，54.0% 由城市外部供应。

综合分析，考虑流通率与不考虑流通率的用地平衡的分析结果存在比较大的区别，主要体现在三个方面：①可支配与不可支配。考虑流通率与不考虑流通率的最大区别是对可支配与不可支配的判别，从而从评价结果可以看出城市对城市内部资源的利用能力。例如南充城市内部所有生物土地资源量的 43% 被城市本身所支配，57% 被其他城市所支配，而相同指标义乌分别为 64% 与 36%。从评价结果可以得出义乌对城市内部生物土地资源的利用能力比南充强。②供求的真实性差异。城市内部的用地分成可支配与不可支配两部分，不考虑流通率的用地平衡评价不分城市土地可支配与不可支配之间的区别，实际是对真实情况的忽视，其评价结果不是现状的真实反映。③参考性差异。考虑流通性的用地平衡评价能真实反映城市供求系统情况，但其漏失了城市行政区内外土地资源的区别，即忽视了行政边界对土地资源的影响，其提供的评价结果不能有效指导城市未来发展底线的预测。而不考虑流通率的用地平衡评价假设城市具有城市行政区内所有土地资源的支配能力，其提供的评价结果对城市未来发展底线的预测有帮助。因此，考虑与不考虑流通率在不同研究层面具有相异效果。

4. 义乌与南充城市生态版图差异

通过义乌与南充城市生态版图空间结构的横向比较分析，总结两个城市生态版图及其空间结构之间的差异与共性。

1）生态版图心距差异巨大

义乌的生物、建设、能源用地心距分别为588、0、1685km，而南充的生物、建设、能源用地心距分别为329、0、1182km，义乌的生物用地与能源用地心距都比南充大。在城市生态版图心距层次，义乌生态版图心距是1073km，而南充生态版图的心距为644km，义乌比南充大429km。

2）生态版图用地空间分布存在差异

义乌生态版图用地从第一到第八心距层的空间分布百分比分别为32.3%、5.0%、7.1%、7.0%、7.4%、12.7%、14.8%、13.7%，南充生态版图用地从第一到第八心距层的空间分布百分比分别为45.8%、8.1%、11.2%、12.5%、3.1%、4.6%、3.9%、10.8%。除了第一心距层以外，义乌总体用地空间分布在第二到第八心距层是相对均匀的，而南充总体用地的近80%都集中分布在第一到第四心距层。这说明南充很多生物资源可以在城市周边区域获得，而义乌需要到很远的地方获得。

3）生态版图用地结构存在差异

义乌2007年人均总体用地中，生物用地为1.07全球公顷/人，占总体用地的51%左右；建设用地为0.06全球公顷/人，占总体用地的3%左右；能源用地为0.96全球公顷/人，占总体用地的46%左右。南充2007年人均总体用地中，生物用地为1.03全球公顷/人，占总体用地的60.2%左右；建设用地为0.03全球公顷/人，占总体用地的1.8%左右；能源用地为0.64全球公顷/人，占总体用地的37.4%左右。义乌城市生态版图生物用地与能源相当，各占总体用地的50%左右，而南充生物用地与能源用地分别占总体用的60.2%与37.4%，生物用地占较大的比重。

9.1.3 基于城市生态版图分析的城市发展问题

通过义乌与南充城市生态版图的比较分析，主要分析通过城市生态版图分析途径获得的城市发展过程中的生态效率、生态质量、生态安全、生态公平四个方面存在问题。这些问题是传统分析方法所无法获得的，本文提供了解决此类城市发展存在问题的新途径。

1. 义乌

（1）义乌生态资源空间运输距离长，生态效率低。需要特别强调的是，这里所指的生态效率仅表征生态资源空间运输距离的大小，即空间运输距离越大，效率越小。“跨空间交易就会带来成本”（克鲁格曼，2006），所以城市生态版图心距的大小会直接影响到生态资源的空间运输成本，即城市生态版图心距越大，城市生态效率越低。在这里需要特别强调的是，所谓的成本是指生态成本，即“跨空间交易就会带来生态成本”，如果城市生态版图心距过大，其生态成本也高，生态效率相对低。在对义乌与南充城市生态版图的研究中，义乌的生物、能源用地心距分别为588、1685km，而南充的生物、能源用地心距分别为329、1182km，义乌的生物用地与能源用地心距比南充分别大259、503km，在生物与能源消费中，义乌比南充的运输成本高，其生态效率相对低。

（2）义乌城市生态版图心距大，城市发展存在生态安全隐患。生态版图心距变化会直接影响到城市的生态安全，而且对城市生态风险的影响并不是一个平稳的过程，而是一个跳跃的过程，见图9-19所示。义乌生态版图心距是1073km，即义乌消费的生态资源生产地平均距离城市1073km，义乌平均生态消费距离已经跨省域获取，其生态安全存在高位风险。而南充生态版图心距为644km，其生态风险对于义乌来说相对低。

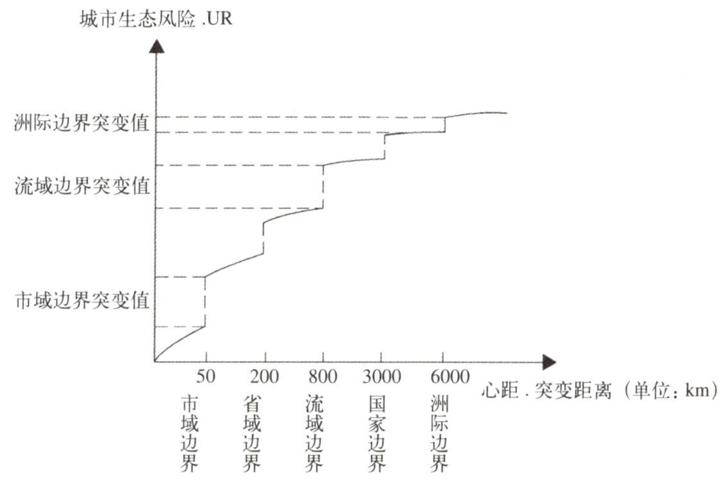

图9-19 城市生态版图心距变化与城市生态风险关系

（3）义乌生态属于外侵城市发展模式，加剧区域生态公平失衡。生态公平的主要目的在于有效地保护人们平等的环境权利，并尽量减少人们之间因不平等关系而导致的不平等环境影响，在利用资源、保护生态的过程中，取得权利与义务的对应、贡献与索取的对应、机会与风险的对应。跨境生态占用存在增加区域生态公平失衡的可能性，见图9-20所示。在义乌城市发展过程中，大量的生物资源、特别是水资源绝大部分从城市外部获得，义乌市多年水资源平均总量约8.20亿m^3，水资源可利用总量为4.82亿m^3。以常住人口规模计，人均水资源占有量仅为586 m^3，水资源十分紧缺，因此跨境从东阳市横锦水库获得新水源，这势必增加区域生态公平失衡的可能性。需要特别指出的是，义乌城市生态版图的扩张与收缩并不直接导致城市或区域间生态的不公平，而是增加了生态不公平出现的概率，也就是城市生态版图心距的提高，不一定直接导致城市间的生态公平失衡，但生态公平失衡的可能性一定会增大。

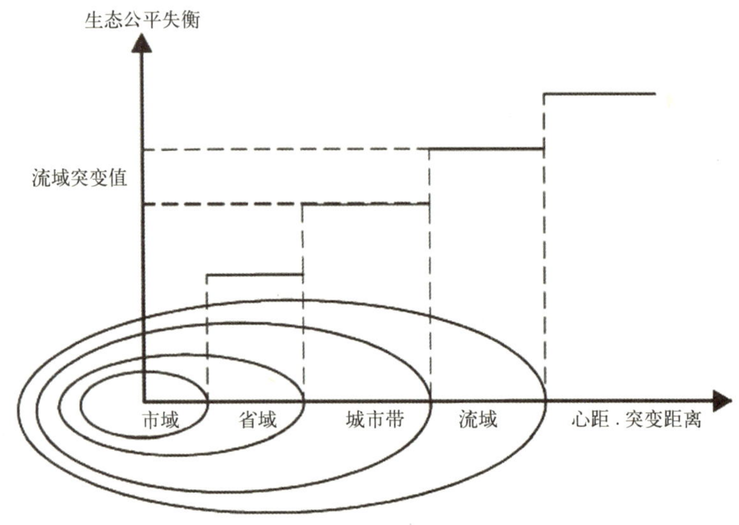

图 9-20　城市生态版图扩张收缩与生态失衡概率的关系

2. 南充

(1) 南充严重生态外泄，城市生态质量有恶化趋势。生态质量的度量指标可以确定公式为：

$$A=(EC-EF)/EC \tag{9-1}$$

其中 A 为生态储备丰度；EC 为生态承载力；EF 为生态占用。在城市生态版图理论中，城市生态质量由生态储备丰度来度量。生态储备丰度是指某一地域范围内，用作生态储备的生态空间与整个地域生态空间的面积之比，见图 9-21 所示。义乌属于典型的生态外侵型城市，而南充属于典型的生态外泄型城市，义乌总体用地需求量为 2.09 全球公顷 / 人，城市内部供应量为 0.98 全球

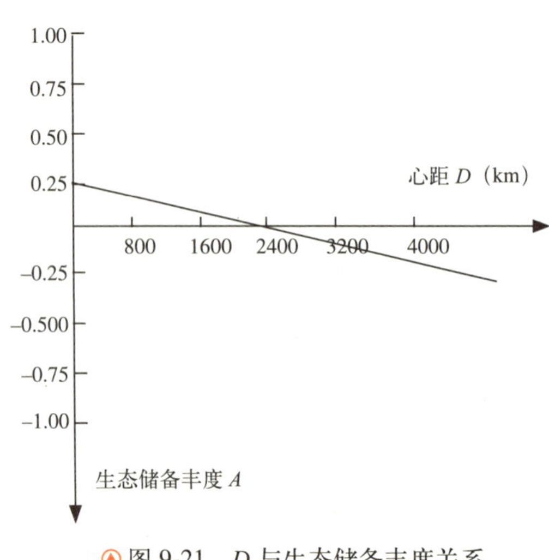

图 9-21　D 与生态储备丰度关系

公顷 / 人，但义乌生态承载力提供量为 1.02 全球公顷 / 人，义乌生态系统总体处于生态丰盈，生态储备率为正值；南充总体用地需求量为 1.71 全球公顷 / 人，城市内部 99.7% 供应，即 1.70 全球公顷 / 人左右，而南充的生态承载力仅为 1.54 全球公顷 / 人，南充生态系统处于生态胁迫，生态储备为负值。仅从传统分析方法，即不考虑城市生态消费的城市内外空间分布，认为义乌处于极度生态赤字，而南充处于生态盈余，这个结论与城市生态版图分析的结论是相反的。

（2）生态资源供需结构不对称，部分生态资源仍严重依赖外部进口。不考虑生态资源流通的情况下，南充总体用地需求量为 1.71 全球公顷 / 人，城市内部 99.7% 供应，约有 0.3% 用地需要外部供应，即南充生态资源供给大体平衡；但在考虑生态资源流通的情况下，南充总体用地需求量为 1.71 全球公顷 / 人，城市内部 46.0% 供应，54.0% 由城市外部供应，自身近 53% 的生态资源出现了外泄，即生态资源供需不对称，造成部分生态资源仍严重依赖外部进口。考虑流通率与不考虑流通率的生态资源平衡的分析结果存在比较大的区别，主要体现在三个方面：①可支配与不可支配。考虑流通率与不考虑流通率的最大区别是对可支配与不可支配的判别，从而从评价结果可以看出城市对城市内部资源的利用能力。例如南充城市内部所用生物土地资源量的 43% 被城市本身所支配，57% 被其他城市所支配，而相同指标义乌分别为 64% 与 36%。从评价结果可以得出义乌对城市内部生物土地资源的利用能力比南充强。②供求的真实性差异。城市内部的用地分成可支配与不可支配两部分，不考虑流通率的用地平衡评价不分城市土地可支配与不可支配之间的区别，实际是对真实情况的忽视，其评价结果不是现状的真实反映。③参考性差异。考虑流通率的用地平衡评价能真实反映城市供求系统情况，其实其也漏失了城市行政区内外土地资源的区别，即忽视了行政边界对土地资源的影响，其提供的评价结果不能指导城市未来发展底线的预测。而不考虑流通率的用地平衡评价假设城市具有城市行政区内所有土地资源的支配能力，其提供的评价结果对城市未来发展底线的预测有帮助。通过对南充与义乌生态资源平衡的分析，可以得出南充生态资源供需结构不对称，部分生态资源仍严重依赖外部进口的结论。

需要特别指出的是，上述总结出的义乌与南充城市发展存在的问题，是通过两城市比较分析而获得的，因此分析这些问题是相对性的，而不是绝对性的。

9.1.4 城市发展对策

针对上述义乌与南充城市发展存在的问题，并结合本书前部相关理论，从空间结构、土地使用、人口发展、产业发展四个方面提出城市发展的应对策略。

1. 义乌

1）保护城市重要生态服务供给地安全策略

保护城市生态服务供给地安全，目的是确保城市生态服务供给地与城区之间的距离保持在一定的安全距离范围之内，从而使城市获得生态服务资源的安全。城市生态服务地包括水源生态服务地、氧源生态服务地、能源生态服务地、食物生态服务地等，但城市空间规划时，更多的是考虑一些不可代替的生态服务功能的供给地保护，例如其生态命源区，见图 9-22 所示。保护城市重要生态服务供给地安全适用于每一个城市。

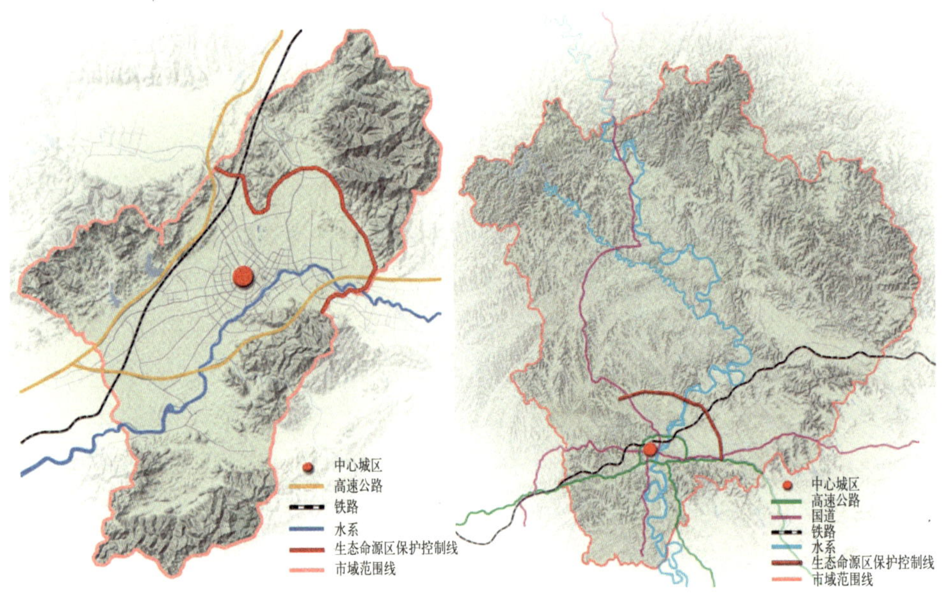

图 9-22　义乌与南充生态命源区红线保护规划示意图

2）构建功能差异化的多空间中心策略

城市生态命源区保护的目的是保护城市重要生态功能区，使其心距不增加，是一种基于现状自然生态格局的保护。而城市空间中心构建按不同生态资源的来源方向、方式及数量，通过改变城市空间中心，达到减少生态版图心距的目的，是一种基于改变人为建设的策略。在构建城市空间中心时，就可根据生态资源的不同来源方向与方式选择位置，从而减小心距。

3）人口规模最小法则策略

人口规模最小法则策略是指城市人口合适规模以城市生态版图与行政版图生态承载力最小者来界定，即当城市生态版图大于行政版图时，以城市行政版图生态承载力来确定城市合适人口规模，当城市生态版图小于行政版图时，以城市生态版图生态承载力来确定城市合适人口规模。据此，要达到生态公平与生态质量优良发展的城市生态版图价值导向目标，需要以最小法则在城市生态版图与行政版图两者之间选择来确定城市人口规模。2007年，义乌的城市生态版图人口，即现实人口规模约为71万（不包含流动人口），而其行政版图生态资源承载人口规模约为32万，建议其城市人口规模应控制在32万。

4）优势生态资源产业发展策略

城市产业有产业规模与产业类型两个方面的内涵，城市产业发展从产业类型层面来进行讨论。城市产业发展策略是根据城市内外部生态资源空间分布特点，对城市核心产业有目的地选择，从而达到减小城市生态版图心距的目的，具体的策略是以优势生态资源确定核心产业。目前，义乌人口规模已大大超过其行政版图内生态资源的承载能力，城市没有任何优势生态资源，在城市产业发展上，不应选择大量消耗生态资源的产业，而是应该选择不消耗生态资源，或者极少消耗生态资源的产业，即高科技产业。

2. 南充

1）倒金字塔就业人口结构策略

倒金字塔就业人口结构策略是指引导城市就业人口在第三、二、一产业中依次降低的策略，即提高第三产业的就业人口比例。在第一、二、三产业中，对能源、土地、水资源的消费量是依次降低的，即生态效能是依次升高的，而对技术与资金的需求是依次升高的。相同城市人口规模条件下，与传统第一、二、三产业的正金字塔城人口构成相比，倒金字塔人口结构的城市生态版图总量会相对小，而生态版图相对大，从而有利于城市生态质量的发展。倒金字塔人口策略的核心内涵是提高城市技术与资金短边，减少对能源、土地、水资源的过度依赖，从而减小城市生态版图心距，提高城市生态储备丰度，实现城市生态版图价值的导向目标。

2）平衡对称化土地使用发展策略

这里的土地使用规划是指农业土地的使用规划，农业土地类型可以分为耕地、林地、草地、水域四种，通过调整或引导四种用地类型的结构，达到城市行政版图内的土地资源生态资源产出与城市发展所需要的生态资源相对应，从而使城市生态版图实现平衡。城市土地使用发展策略的分策略为：①多样化土地使用发展。多样化生态版图发展是指城市土地采取多样化利用，满足城市发展所需的各种生态资源，实现自身平衡的生态供需关系。②平衡化土地使用发展。平衡化土地使用发展的内涵是城市发展所需生态资源应根据自身行政版图内的生态资源生产力来确定，使城市生态占用总量、类型与城市生态承载力相平衡。生态空间供需的平衡就是要在总量与种类上尽可能地使城市对生态空间达到供需的平衡，从而解决生态资源供需结构不对称，部分生态资源仍严重依赖外部进口的问题。

根据义乌和南充城市生态版图存在问题，从空间结构、土地使用、人口发展、产业发展四个方面提出城市应对策略，由于这些策略都是追求城市生态版图心距的减小，从而具有普适性特点。因此，义乌与南充的城市发展策略适用于目前我国绝大部分城市、区域发展。

◎ 9.2 《济南南部山区保护与发展规划》案例

9.2.1 发展概况

1. 发展现状

济南市南部山区（西片）位于泰山北麓，由黄河流域平原带、白沙河流域带、南沙河流域带构成，流域为正北偏西走向。南部山区生态系统结构分成流域（带）、山谷和山峪 3 个结构单元，共 3 个流域、12 个山谷、21 个山峪。南北走向分别有京沪铁路、京福高速、济菏高速、104 国道、220 国道通过。南部山区经济发展水平不高，属于长清区内经济欠发达区域，是长清区农业经济区，见图 9-23 所示。从地形地势上看，济南位于泰山北麓与黄河南岸的台地上，黄河济南段上游与泰山北麓为济南市城市生态系统的高位地势，而济南市南部山区位于泰山北麓、黄河济南段上游，同时，从等高线与山势走向上也可以证实济南市南部山区为济南市生态系统的高位地势。

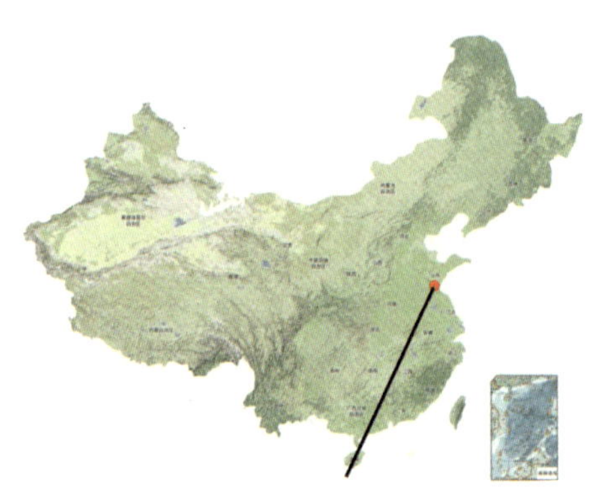

图 9-23 南部山区区位图

从流域生态区位上看，南沙河、北沙河、玉符河和小清河是黄河济南侧流域的重要水系，济南南部山区与济南市同处于黄河流域南侧，济南市处于南部山区的下游。从生态系统现状看，济南南部山区植被覆盖率是济南市最高的区域，阔叶林、针叶林、灌木丛、山地草甸占 60% 以上。

南沙河、北沙河、玉符河和小清河水系脉络清楚、完整，地表人工建筑少，人为干扰少，其生态系统横向与纵向结构都比较完整。规划区不稳定的生态系统面积非常小，主要是规划区西北部黄河沿岸的风沙土水浇地生态系统。土壤持水能力差，植被稀疏，生态系统容易受到损害。欠稳定的生态系统占了

18%，主要是分布在半山的棕壤性土荒草地生态系统。较稳定的生态系统占了绝大部分面积，达 62%，主要是低山的淋溶褐土的水浇地和阔叶林生态系统。稳定的生态系统也占了较大面积，主要包括山区的普通棕壤的针叶林和阔叶林生态系统；规划区水土流失主要为微度和轻度，水土流失程度轻，水土保持效果很好，南部山区对城区中心泉眼地下水补给与涵养功能是南部山区的不可替代功能，见图 9-24、图 9-25 所示。从济南市岩溶水文地质图可以看到，济南市区泉水来源于南部山区，而泉水是济南市的灵魂，没有南部山区水资源涵养区就没有“泉城”，可以说南部山区水资源涵养区与“泉城”共存，南部山区在生态方面的不可代替性已被人们所认同。

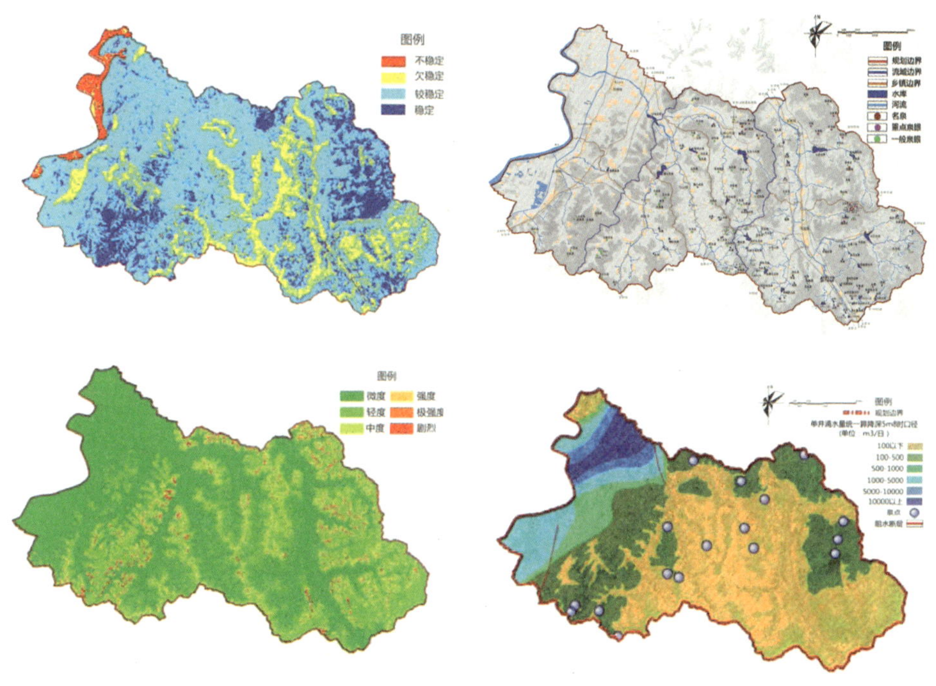

图 9-24 南部山区生态环境系统稳定评价（上）和水土流失现状评价（下）

图 9-25 南部山区水系分布现状图（上）和单井涌水量图（下）

2. 发展定位

现实中，南部山区是济南都市圈中的绿肺，是都市生态系统的调节中心，是城市可持续发展的基础。南部山区位于泰山风景名胜区北麓，既是泰山风景文化不可缺少的组成部分，也是鲁中山地生态系统的重要组成部分，泰山世界遗产保护圈的组成部分。南部山区的基本功能是济南城区天然的生态屏障，济南市区 34% 的泉水由南部山区北沙河供给。这些都是南部山区自然和人文生态系统所固有功能。同时，在历次对济南市南部山区研究中，根据此地区自然与人文生态本底和研究需要，对此地区形成了多层次的发展定位：在生态系统功能方面的定位——济南市水源涵养保护区；在风景旅游方面的定位——世界遗产、国家级文物保护单位、省级自然保护区、省级森林公园、省级旅游度假区、济南市新城区边缘、泰山风景区的组成部分；在经济方面的定位——京沪大动脉济南泰安经济走廊、济南都市农业绿色食品生产区，见图 9-26、图 9-27 所示。

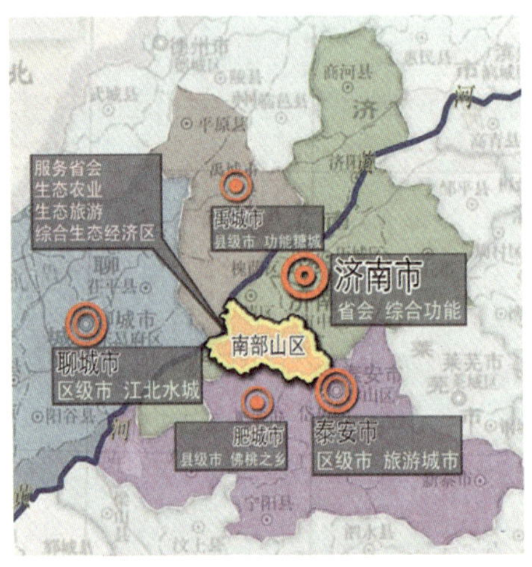

图 9-26　南部山区宏观环境定位示意图

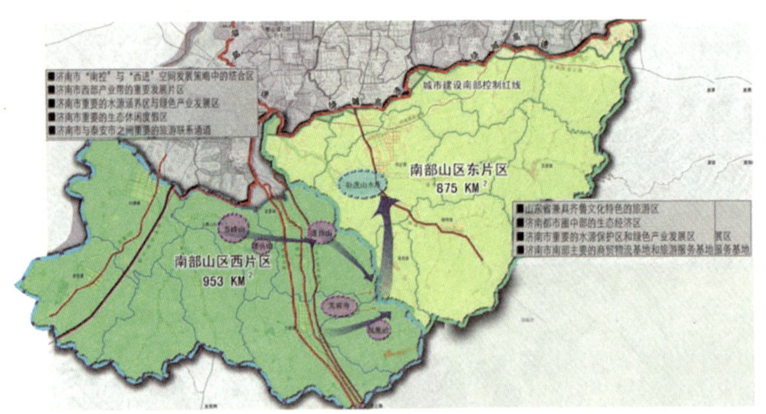

图 9-27　南部山区中观环境定位示意图

9.2.2　基于城市生态版图分析的区域发展问题

济南南部山区是济南市重要生态服务功能供给地，城市生态版图理论的观点是控制南部山区与市区之间保持一定的空间距离，实现济南市生态版图中的重要生态服务功能供给地的合理心距。但现实中，济南市南部山区重点渗漏区水土流失与水质问题突出，水土流失面积超过 50%，泉水直接补给区面积减少约 15%，这些问题实际上已造成济南市重要生态服务功能供给地远离市区，济南市生态版图重要生态服务功能供给地心距的变相增大，给济南市留下生态隐患。基本城市生态版图分析而获得的南部山区发展问题有两个方面：一是南部山区正被城市建设用地蚕食。由于宏观调控力度不够，导致城市南侵，南部山区面积被压缩，加上项目开发零星蚕食，泉水直接补给区面积减少约 15%，重点渗漏区成为城市建设用地，水土流失与水质问题突出，水土流失面积超过 50%；二是南部山区与市区的生态服务廊道被改变、切断。村镇发展与基础设施缺少统一规划布局，特别是商业、工业、居民点发展占地随意性比较突出，沿路开发，向沟谷深处延伸，直接进入核心景区及核心涵养区，南沙河、北沙河、小清河和玉符河河道被人工化，改道现象非常严重。

9.2.3 发展对策

基于城市生态版图分析而获得的南部山区生态发展问题是空间被蚕食与生态服务廊道被改变，根据南部山区生态机理、水的流动机理等已有研究成果，并充分分析人类活动、产业发展、居民点扩张与自然资源的开发利用方式对山区生态环境变化的影响作用，构建了城市生态命源区概念及其具体规划途径，并应用到南部山区保护发展规划中。特别应指出的是，城市生态命源区概念和规划策略适用于全部城市。

1. 城市生态命源区概念定义

(1) 城市生态命源区（Ecological Life Source District，简称“ELSD”），也称为城市生态中心地，指具有完整、稳定的生态系统结构和健全的生态功能，处于城市内部或外部，抚育城市人居环境系统健康成长，对城市具有不可替代性的生态服务功能的地域。

(2) 服务通道与服务通道长度。服务通道指城市生态命源区向城区输送生态服务的通道，服务通道长度指城市生态命源区向城区输送生态服务的通道距离。服务通道越多，城市生态命源区向城区输送的生态服务数量越多；服务通道长度越小，城市生态命源区向城区输送的生态服务强度越大。根据城市生态命源区生态功能类型，服务通道一般可分为水流服务通道、气流服务通道、生命流服务通道和物质流服务通道。

(3)心距。心距是指城市生态命源区到城市中心的空间直线距离。心距越小，城市生态命源区生态服务传送到城市中心的通道长度越小，生态服务损耗越小，城市生态命源区对城市的服务效率越高。

2. 固有特征

在城市发展过程中，城市生态命源区与城市形态、结构、功能发生着密切联系，形成固有规律，表现出功能不可替代性、空间边缘上游性和生态敏感性等的共同特征。

(1) 不可替代性。不可替代性指城市生态命源区为城市提供的生态服务是别的地域所不能替代的，城市生态命源区的消失意味着某一城市某一功能的消失，结果会导致城市的衰败、崩溃乃至消失。不可替代性是城市生态命源区功能的核心特征，这决定了其对城市发展的重要地位与贡献。

(2) 空间边缘上游性。空间边缘上游性指城市生态命源区一般出现在城市的边缘上游区，而不会出现在其他方位。空间边缘上游性是城市生态命源区空间分布的核心特征，这种空间分布有利于城市生态命源区为城市提供生态服务，以及对维护城市生态命源区生态系统的独立性起重要作用。

(3) 生态敏感性。生态敏感性指城市生态命源区的生态系统比较敏感，受到干扰时会快速影响到其服务的城市功能。生态敏感性是城市生态命源区自身生态系统的核心特征，这种特征决定了城市生态命源区在保护与利用时应采取谨慎的态度。

3. 结构功能

城市生态命源区的空间结构与生态功能可从其空间模型、心距、面积和生态功能类型四个方面来分析。

(1) 空间模型。城市生态命源区的空间模型指其与所服务城市的空间位置关系，一般有三种模式：内生式、交互式和外生式，见图 9-28 所示。其中，内生式是城市生态命源区最佳的空间模式，因为内生式城市生态命源区的服务通道最短，心距最小，城市获得的生态服务数量最大。然而，内生式城市生态命源区很少存在，因为城市生态命源区需要外部生态流的输入，才能维持其特有的功能，而内生式城市生态命源区与外部的交流途径被包围，所以这种最为高效的理想模式很难存在。在现实中存在较多的是交互式与外生式的空间模式，其中，交互式是城市生态命源区最广泛的存在模式。城市规模也与城市生态命

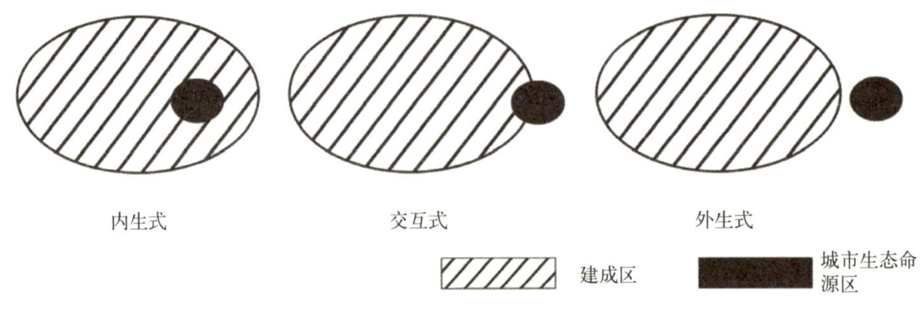

图 9-28　城市生态命源区空间模式图

源区的空间模式联系密切：特大城市需要的生态服务数量相对大，所以要求的城市生态命源区面积也相对大。而城市内部很难存在与维持这么大的自然生态系统，所以特大城市的城市生态命源区一般存在于城市的远郊，其空间模式为外生式，如北京的密云水库、上海未来的城市生态命源区东太湖等。小型城市需要的城市生态命源区面积小，所以内生式、交互式模式在很多中小型城市里可以找到，如桂林市的"两江四湖"。需要特别指出的是，跨行政区的城市生态命源区空间模式由于生态服务资源权属不明确，加上生态服务空间输送过程中会出现很多不确定性，从而存在比较大的安全隐患。

（2）心距与面积。城市生态命源区的心距与面积影响到城市生态命源区对城市的生态服务数量与强度，以及生态服务质量。心距越小，城市生态命源区生态服务效率越高。面积越大，城市生态命源区的生态服务数量越大，生态服务强度越大，城市生态命源区系统也就越稳定。大城市为了保证其生态安全，一般会寻找面积大的城市生态命源区，如上海、北京，其城市生态命源区面积相对较大。面积大的城市生态命源区一般存在于城市的远郊，心距也长，所以特大城市的城市生态命源区一般为外生式空间模式。昆明、济南的城市生态命源区属于交互式空间模式，面积相对中等，由于其位于城市边缘，所以其心距一般为 10 ~ 30km；桂林、长春、杭州的城市生态命源区属于内生式空间模型，面积一般相对最小，但由于其处于城市内部，心距相对最小（这里默认为零）。城市生态命源区的面积、心距与城市规模有一定的关系，并反映到城市环境质量中，大城市的环境质量普遍不如小城市好，城市的城市生态命源区心距是主要的影响因素之一（表 9-7）。

重要城市城市生态命源区特征分析 **表 9-7**

城市	城市生态命源区	心距（km）	面积（km^2）	生态功能	空间模型
上海	东太湖	120	450	城市生态源	外生式
北京	密云水库	180	550	城市生态源	外生式
桂林	两江四湖	0	2.4	生态环境调控中心	内生式
长春	南湖	0	2.2	生态环境调控中心	内生式
杭州	西湖	0	5.66	生态环境调控中心	内生式
昆明	滇池	26	350	生态环境调控中心	交互式

（3）生态功能。城市生态命源区的生态功能分为两大类：一是城市生态源功能，具体指城市生态命源区为城市提供干净的水源、新鲜的氧源，以及其他我们未知的生命源（花粉、基因等）与物质源（食物、药材等）；二是生态环境

调控中心功能，具体指城市生态命源区通过其生态功能调控城市复合生态系统的平衡，如对城市气温、湿度、风速等的调节。

4. 应用实践

1）反分离规划

城市空间向城市生态命源区发展，只是局部少量城市空间获得更多更强的城市生态命源区生态服务，但却迫使城市生态命源区重心向外漂移，即城市生态命源区远离城市中心，城市生态命源区的心距增加。城市空间向城市生态命源区发展，表面上城市生态命源区心距减小，但在很多情况下城市生态命源区的心距在增加，特别是在发生城市建设用地蚕食城市生态命源区空间的情况下。因此，在城区与城市生态命源区之间划出明确界线，禁止城市建设用地越过界线占用城市生态命源区空间，其实质是防止城市中心与城市生态命源区分离，即预防南部山区与市区中心距离增加，防止心距变长，保证心距控制在30km以内。

反分离规划有两个目的，一是保证城市生态命源区生态系统结构的完整，即防止城市建设用地对城市生态命源区的蚕食，保证城市生态命源区生态系统结构的完整性；二是维持城市生态命源区与城区中心的距离，同时又避免城市生态命源区受到干扰。在现实中，城市生态命源区受到城区过多的干扰与胁迫，从而使城市生态命源区衰退乃至消失。南部山区正受到城市建设用地的蚕食，其生态系统结构受到严重威胁，心距变长，所以对南部山区进行反分离规划迫在眉睫。在综合参考济南市总体规划南控线、建设用地现状、生态系统结构现状及行政边界的基础上，划出南部山区的保护红线，严格控制城市向南部山区扩张，把南部山区绝大部分范围列为禁建区与限建区，从而形成明显的城市发展界线与城市生态命源区的保护区域，见图9-29所示。

图9-29 济南ELSD反分离规划

2）服务通道规划

服务通道规划指根据城市生态命源区为城市输送生态服务的特点与方式，有目的地保护与规划一些通道，使之成为城市生态命源区为城市输送生态服务的绿色通道。城市生态命源区通过服务通道向城市输送生态服务，服务通道的数量与畅通程度都会影响到城市生态命源区生态功能的发挥。同时，高效畅通的服务通道使生态服务快速到达市区，从而降低城市的生态安全风险。南部山区最大的生态功能是为济南市提供地表水与地下水，以及新鲜气流等。因此，服务通道也主要围绕这两种重要的生态功能进行规划。

（1）水流服务通道规划。水流服务通道的功能是向城区输送水源，分地上与地下两个层次。南部山区主要考虑地下水服务通道规划问题。南部山区地质主要分为碳酸盐岩与非碳酸盐岩两大类，碳酸盐岩透水性强，非碳酸盐岩则反之。如前文所述，在南部山区生态问题中，由于宏观调控力度不够，城市建设用地蚕食南部山区，泉水直接补给区面积减少，所以如何减少碳酸盐岩地层被建设用地占用，减少碳酸盐岩地层硬化是地下水系水流服务通道规划重点考虑的核心要点。水流服务通道规划主要体现在南部山区的空间管制规划上，见图9-30所示。空间管制规划把整个南部山区分成适宜建设区、限制建设区、禁止建设区，重要的生态区域，特别是透水性比较好的碳酸盐岩区域，应尽可能都划入禁止建设区，从而保护地下水流服务通道的固有面积及通畅。

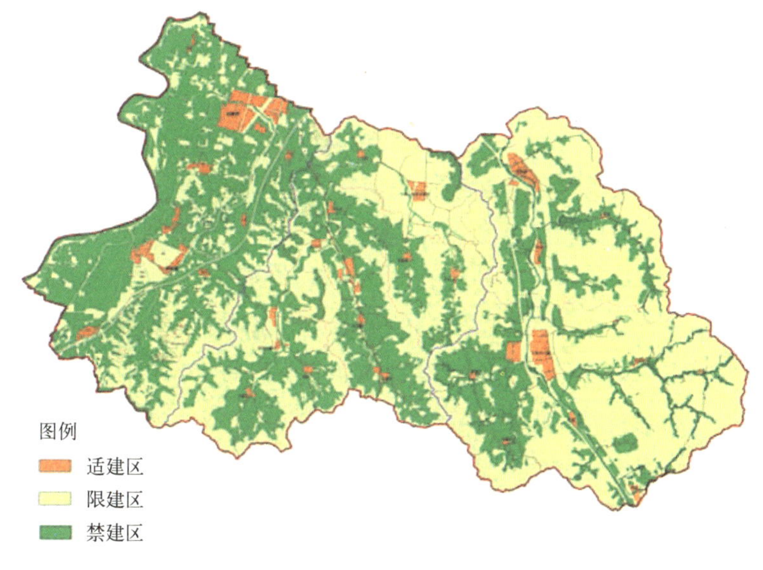

图9-30 地下水系服务通道规划的空间管制分区

地表水水流通道规划主要是在现有水系的保护与疏通的基础上，强调河道不能随意改道、避免河道硬化，以及注重对河岸交错区的保护，具体做法是沿北沙河和南沙河两岸预留30～150m宽的湿地带。

（2）气流服务通道规划。气流服务通道是城市生态命源区向市区输送新鲜空气的通道，同时也是调节城区湿度、温度、风速等微环境的重要渠道。济南南部山区是山地城市，山谷是山地城市特有的气流服务通道。气流服务通道规划主要制定了一些指导建议，内容包括在南北走向的山谷，特别是在比较窄的谷口与隘口，禁止建造高大建筑、大坝等构筑物；同时，积极利用通向城区的主要道路形成人工气流通道（图 9-31）和利用水系等形成自然气流通道（图 9-32）。需要指出的是，同一服务通道有时会兼容输送不同的生态服务，因此在进行服务通道规划时，要积极考虑多种生态服务输送对服务通道的设计要求。

图 9-31　ELSD 人工气流服务通道规划图

图 9-32　ELSD 自然气流服务通道规划图

济南市南部山区在济南城市总体规划中被定位为控制发展区，虽然对其建设功能有明确的定位，但对其在城市大系统的结构地位与功能定位还不是很明确，城市生态命源区概念提供了观察分析此地域的一个新视角，利用城市生态命源区概念的相关理论可以区别出此区域与其他区域本质上的差异，从而走出是自然生态系统就要保护的不切实际的困境，并有针对性地提出其保护的规划策略。通过济南市南部山区保护与发展规划项目的实践，在认识到城市生态命源区概念积极性的同时，也更加清楚地了解到城市生态命源区还处于一个概念性阶段，城市生态命源区不可替代性功能的识别理论与技术、城市生态命源区边界的识别技术研究、城市生态命源区生态场的形成与定性定量技术等问题还需不断深入研究。

◎ 9.3 《楚雄城市发展战略规划》案例

9.3.1 发展概况

1. 发展现状

楚雄市位于云南高原中部，地跨东经 100°35′～101°48′，北纬 24°15′～25°15′，处于滇中、滇西之间和川南、滇南之间，东接昆明、西连大理、南连玉溪与普洱、北邻攀枝花。楚雄自古为云南省垣屏障、滇中走廊、川滇通道，是昆明通往滇西的必经之地，被誉为“省垣门户、迤西咽喉”。成昆铁路、广大铁路和楚大高速公路、320、108 国道纵横全境，随着“三纵三横”州内一系列交通基础设施项目的建设，特别是元谋—双柏—元江高等级公路的贯通，楚雄将成为滇中地区东西、南北交通干线的交会点，其交通区位将出现重大转折，成为沟通滇中、滇西和川南、滇南地区，乃至东南亚、南亚与我国西南地区腹地的枢纽节点，见楚雄市区位图 9-33 和现状图 9-34 所示。

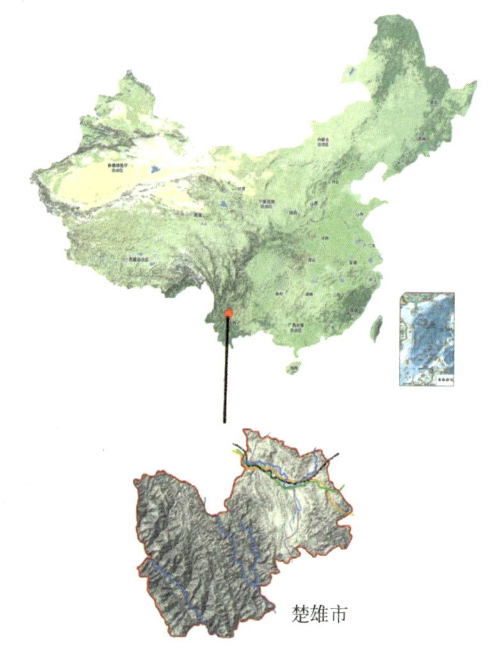

图 9-33 楚雄城市区位图

全市总面积 4433km²，下辖鹿城镇、东瓜镇、吕合镇、紫溪镇、子午镇、东华镇、苍岭镇等 15 个乡镇，是楚雄州的政治、经济、文化、交通枢纽中心，州政府驻地。2007 年，全市户籍人口 50.54 万人，其中农业人口 35.46 万人，非农人口 15.08 万人，城镇化率 29.8%。居住有彝、苗、傣、白、回、哈尼、傈僳等少数民族，其中彝族人口 9.96 万人，占总人口的 19.7%，占少数民族人口的 85.3%。

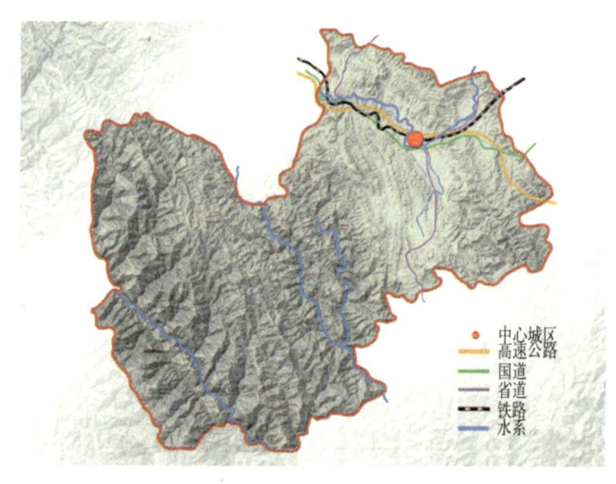

图 9-34 楚雄市现状图

2007 年，楚雄市实现地方生产总值（GDP）101.41 亿元，人均 GDP 折合 1081 美元。其中：第一产业增加值 11.17 亿元，第二产业增加值 55.65 亿元，第三产业增加值 34.60 亿元，三次产业比例调整为 11：54.9：34.1，三次产业对国民经济增长的贡献率分别为 5.5%、54.7% 和 39.8%。全年完成财政总收入 10.08 亿元；全社会固定资产投资完成 37.55 亿元；实现社会消费品零售总额 33.80 亿元；外贸进出口额 1922 万美元；共接待国内游客 110.9 万人次，海外游客 567 人次；金融机构存款余额 117.86 亿元，其中城乡居民储蓄 46.29 亿元；城镇居民人均可支配收入 12634 元，农民人均纯收入 3068 元。

2. 发展定位

楚雄城市发展的战略定位基于历史考察、现实评估、未来度量多维度分析与先天条件、空间格局、现实基础、文化资本多层次挖掘的综合判断而形成，是时间与空间的整合，现实基础与未来发展的对接，其孕育与形成过程见图 9-35 所示。楚雄城市发展战略定位是：通过建设彝族文化名都、新兴工业城市、滇中物流基地、和谐生态城市，打造滇中城市群西翼中心城市，实现将楚雄建设成为滇中特色大城市的战略目标。

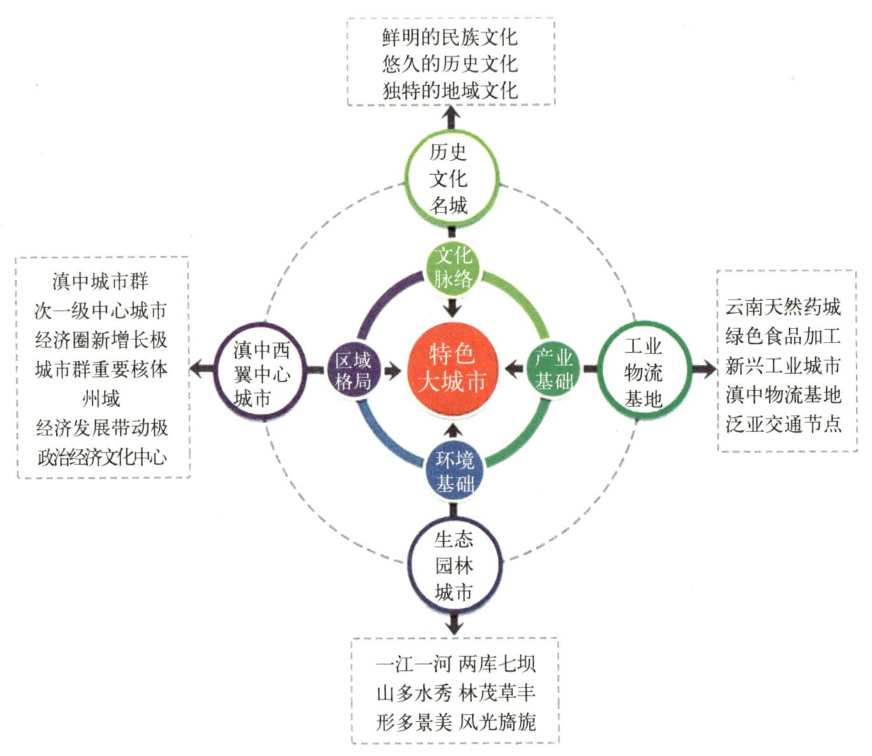

图 9-35 楚雄城市战略定位分析图

1）滇中城市群西翼中心城市

根据《云南省国民经济与社会发展第十一个五年规划纲要》，在空间开发战略层面明确提出：在今后 20 ～ 30 年间，逐步形成以滇中地区为发展极、沿综合交通运输网络展开的“一极三向五群”空间开发战略布局。其中一极就是滇中发展极，含昆明、曲靖、玉溪、楚雄四个城市及其相关地区，是带动全省经济社会发展的核心区域。

楚雄市是楚雄州的政治、经济和文化中心，同时是在滇中城市群经济的发展和区域一体化进程的推进过程中西翼的中心城市。

2）彝族文化名都

楚雄州是全国仅有的两大彝族自治州之一，彝族文化源远流长、光辉灿烂，民族文化活动丰富多彩，依托丰富独特的“一彝三古”（彝族风情、古生物、古人类、古文化资源）和良好的交通区位优势，充分挖掘、发扬楚雄城市的文化内涵与底蕴，进一步发展彝族文化旅游及其相关产业，打造成为彝族风情展示的平台，与彝族文化精品（包括建筑、歌舞、饮食等）的集散地，同时注重大众化的城市文化的传承与发扬，如传统的“左脚舞”，使市民、游客融入并切身感受楚雄浓郁的都市风情文化。

3）新兴工业城市

工商强市，是楚雄市现阶段的历史选择。在巩固发展烟草及配套产业这一支柱产业的同时，突出发展天然药业，壮大发展绿色食品加工业，加快发展冶金及化工业，积极承接东部地区与昆明的产业转移，着力培育产业集群，特别是以天然药业为主的特色产业。

4）滇中物流基地

楚雄市地理位置重要，历来是滇中通往滇西、滇西北的咽喉，也是川南与滇中、滇南交往沟通的捷径。随着广大铁路、安楚高速、320国道、南永、元双二级公路以及广楚高等级公路等交通基础设施的建设改善，楚雄的交通条件将进一步得到改善，通过整合“滇西旱码头”——广通，加强客货运设施、物流仓储场地和商贸网点、专业市场建设，积极培育专业化连锁经营企业、交通运输企业和物流配送企业，努力把楚雄市培育成为面向昆明、承接滇西、川南的商贸物流中心，将楚雄市建设成滇中物流基地。

5）和谐生态城市

生态环境是未来楚雄进行城市竞争的重要资本，大力保护楚雄优越的自然生态环境，建构大尺度自然空间与中微观环境相结合的都市区生态架，协调城市建设、旅游开发与生态环境的关系，实现城市与自然生态的共融、共生、共长。同时，楚雄是典型的坝上城市，用地天然而成独立组团式结构，山与坝镶嵌互合，形成大山水的和谐城市人文格局。

9.3.2 基于城市生态版图分析的城市发展问题

1. 空间问题

楚雄市的空间问题主要集中在发展方向不明确和空间功能分区模糊。

发展方向不明确表现在发展方向盲目选择或短期利益导向选择，特别是由于九龙甸水库生态环境优美，目前有大量的房地产项目聚集于此，并且有扩大的趋势。而青山嘴水库—九龙甸水库生态涵养区是楚雄市的生态命源区，目前按此区域的发展势头，青山嘴水库—九龙甸水库生态涵养区现有规模与生态系统完整性将得不到有效保护，楚雄市生态命源区将受到破坏与威胁。

城市空间功能分区模糊，城市空间四处蔓延，以及空间功能混乱。目前，楚雄城市建设大量集中在楚雄城市中心区核心区边缘的西山东麓，建设项目非常混杂且呈遍地开花式，这种开展模式偏离了西山东麓片区合理的发展方向。西山—紫溪山森林茶花旅游区是楚雄市重要的生态功能区、景观资源、文化风貌区，对楚雄市未来发展起决定性的作用，应该明确西山东麓片区空间结构与功能定位，严格控制该区域的建设开发，选择适合此区域功能定位的开发项目与产业体系。城市发展方向不明确与空间功能分区模糊会造成楚雄市重要生态功能区与楚雄市中心区距离的拉大，生态功能服务的服务心距增大，造成生态安全隐患，同时也降低了生态服务功能的服务效率。

2．资源承载力问题

目前，制约楚雄发展的两大因素是土地空间资源与水资源。土地空间资源方面，在规划核心区 850 平方公里范围内，有 221.16 平方公里的用地属于适宜建设区，有 102.7 平方公里的用地属于限制建设区，有 526 平方公里的用地属于禁止建设区。按 110 平方米 / 人的中等用地水平，规划核心区内可承载的总人口规模为 200 万人；若只考虑主城区与苍岑新区，即不包括东华子午坝，主城区及苍岭新区的人口的支撑规模约为 150 万人左右；水资源方面，楚雄市水资源以水库为主要供水水源，其人均水资源占有率略高于全国人均水平，低于云南省人均水平。楚雄市供水设施建设潜力较大，水资源利用空间较大，同时考虑到规划期末，节水技术与人均用水量的下降，估算认为楚雄市城市规划城区的水资源最大可满足 90 万人左右规模的城市发展需求。但若按未来滇中特色大城市 150 万的人口规模来计算，可供城市用水储量和城市供水能力都远远不能满足城市用水需求量，提高城市供水能力和跨境调水势在必行。综合分析，构建楚雄滇中特色大城市，必然解决生态资源方面的瓶颈，而其解决方法仅仅依靠城市内部的现有资源是远远不够的，还必须通过整合外部资源等手段来解决。

3. 产业问题

目前，楚雄三次产业结构不尽合理，主要体现在农业产业化水平较低，农民持续增收困难，现代服务业发展滞后，对其他产业的支持带动能力不强。同时，产业结构比较单一，层次不高。楚雄有丰富的资源构成，但产业结构单一，烟草业是唯一的支柱产业，烟草业占其财政收入的 70% 以上。而其他产业实力薄弱，尤其商贸流通产业、信息服务业、金融保险业等第三产业发展落后，产业联动能力不强，不利于培养市场竞争力。同时，产业链条短，产业附加值低，初级产品多，拳头产品少，关键产品领域薄弱，市场竞争力不强。产品结构层次比较低。楚雄的很多本地资源，不仅开发利用程度低，而且产品多为初级产品。

尤其是金属矿山企业，精、深加工能力薄弱，产品附加值不高，未能实现本地资源的最大效用。

楚雄产业现状问题，本质是技术与资金相对缺乏，从而过度依赖劳动力与土地空间资源，是以劳动力长边最大限度地替代资金、技术短边，超度地开发土地资源。一方面，楚雄市资金、技术要素极为稀缺，人均资本存量相对低；另一方面，人口增长很快，几乎每年以固定的速率提供劳动力，劳动力是生产经营者，同时是可以自由支配和控制的唯一的可变要素。因此，楚雄市每一轮产出都是通过劳动力这一长边最大限度地替代资金、技术这一短边而实现的，也就是通过尽可能地扩大投入劳动力，对土地资源进行超强度开发来实现的。这种生产经营虽然大大降低了劳动生产率，又严重破坏了自然环境，但有时可以扩大产出，即以出口生态资源为主要的农业经济，变成生态外泄型城市，生态资源过度外泄，从而形成生态资源短缺。劳动力长边最大限度地替代资金、技术这一短边，正是落后城市与地区经济运行赖以维系的机制。由于每一轮的经营都是用扩大劳动投入来超强度地开垦有限的土地资源和开发有限的土壤有机质，致使生态环境进一步恶化。而生态环境的恶化，又迫使这些地区投入更多的劳动力。这样，就形成了难以遏制劳动力进一步扩展的恶性循环。

9.3.3 城市发展对策

1. 确定“东进、西联、南优、北控、中聚”城市空间发展方向

城市空间发展方向的选择是在分析交通拉动力、土地空间支撑力、区域联动力、区域城市引力的同时，充分尊重楚雄城市大生态空间结构和楚雄空间现状问题的基础上作出的。

(1) 城市向北发展分析。发展空间受地形与水体屏障，使楚雄市向北扩张受限。交通上有元双二级路通过牟定。交通拉动力、土地空间支撑力、区域联动力、区域城市引力均相对较弱，但元双二级路在州域交通体系中是比较重要的南北向干道，因此作为元双路上的重要节点，牟定的发展也应该纳入楚雄周边一体化发展区域内。

(2) 城市向南发展分析。向南有东华、子午以及双柏县，用地条件好，有元双二级路、楚双高速路（拟建）。总体而言交通优势较弱，双柏自身规模有限，而且东华、子午为国家级基本农田保护区，所以向南发展存在很大难度。交通拉动力、区域联动力、区域城市引力向南相对较弱，在今后的发展中应加强交通、产业与主城区的联系，储备东华、子午，同时加强双柏与楚雄市的联系。

同时，土地空间支撑向南发展，这是城市向南发展的一大优势。

(3) 城市向西发展分析。通过交通与重大基础设施拉动分析，楚雄现状东

西走向对外交通有广大高铁（拟建）、安楚高速路、G320、S322（高等级公路、拟建）。交通拉动力、区域联动力、土地空间支撑力、区域城市引力支持向西发展。

（4）城市向东发展分析。广大高铁（拟建）、安楚高速路、G320、S322（高速路、拟建）对楚雄城市空间的发展方向有影响作用，通过对楚雄周边土地空间利用的适宜性评价，东边都有支撑能力。

在经济空间聚集方面，沿龙川江东西方向上，聚集着南华、吕合、楚雄、广通、禄丰一批比较成熟的城镇群，在经济空间上形成东西走向的发展带。具有用地条件好的苍岭坝，以及广通坝，交通便利，位于发展的主轴线上。交通拉动力、土地空间支撑力、区域联动力、区域城市引力都支撑向东发展，见图9-36所示。

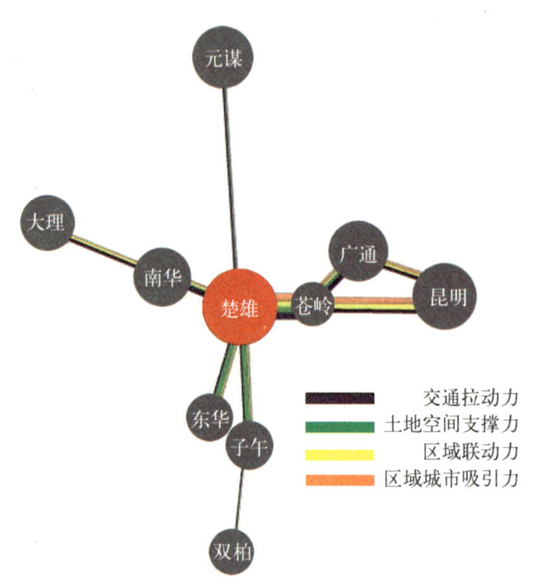

图9-36　楚雄城市空间发展拓展力分析图

最后确定了楚雄市“东进、西联、南优、北控、中聚”的空间发展方向，即空间东进、产业西联、农业南优、生态北控、功能中聚，城市空间发展重点方向是东进，城市产业与南华联合互动。这个城市空间发展方向充分尊重城市大生态系统结构，避免城市空间向西北的青山嘴水库—九龙甸水库生态涵养区、西侧的西山—紫溪山森林茶花旅游区发展，有利用于保护楚雄重要的生态功能区。

2. 实施“跨越与整合”战略，扩大楚雄市可支配生态版空间

构建楚雄滇中特色大城市，必须解决生态资源方面的瓶颈，而其解决方法仅仅依靠城市内部的现有资源是远远不够的，还必须通过整合外部资源等手段来解决，实施“跨越与整合”战略，形成具有可支配的更多资源、更大发展空间的楚雄都市区就是其中策略之一，见楚雄城市空间跨越与整合战略示意图（图9-37）。跨越是对一般规律的超常规处理，达到在时空上的突变，从而实现跳跃式发展，而整合是时空突变的途径之一。通过实施“跨越与整合”战略，超越行政边界来整合楚雄市自己及周边资源，构建以楚雄市为主城、以南华、双柏、牟定、广通为辅城的都区市，扩大楚雄市可支配生态版图，从而解决楚雄市构建滇中楚雄特色大城市的资源承载力瓶颈难题。实施跨越与整合策略，扩大楚

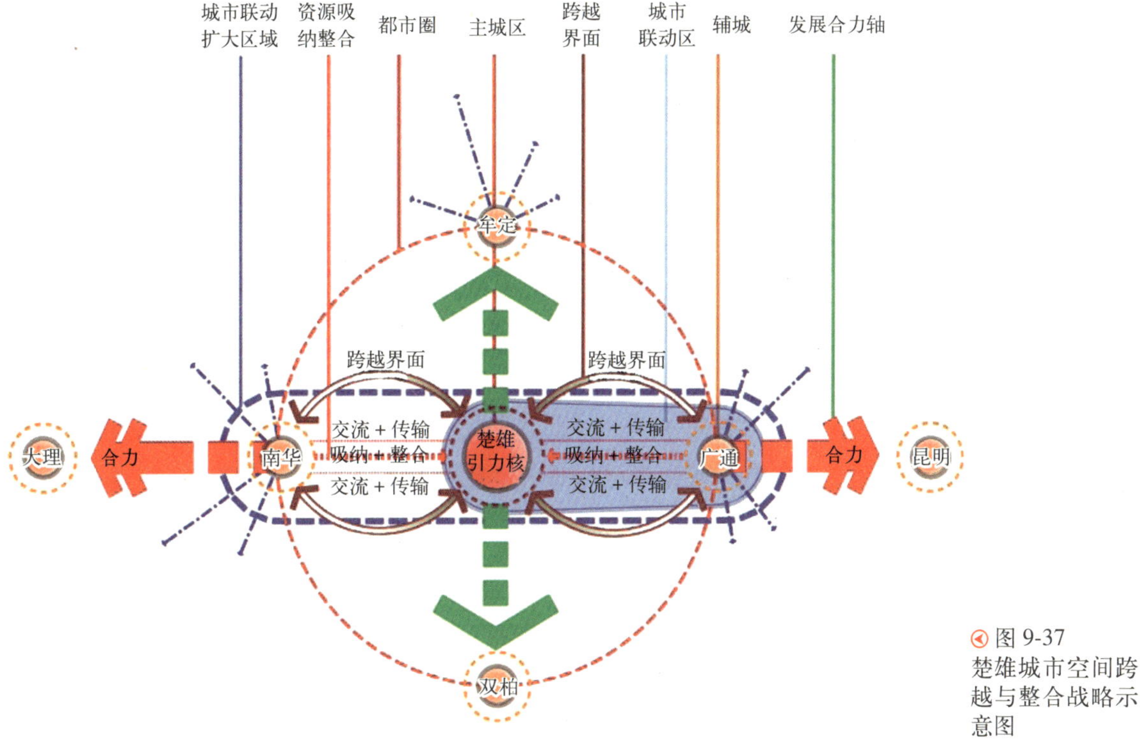

图 9-37 楚雄城市空间跨越与整合战略示意图

雄市可支配生态版图实质上与行政空间重构策略相似，目的都是扩大可支配资源，减小生态风险。

3. 明确“一主四辅，一带三区”空间结构，构建功能差异化多空间中心

通过功能分区来落实楚雄市四个方向的空间发展原则，根据楚雄市“东进、西联、南优、北控、中聚”，即空间东进、产业西联、农业南优、生态北控、功能中聚的楚雄市总体的城市空间发展原则，对城市中观层次进行功能分区规划。通过“一主四辅，一带三区”空间结构规划，构建功能差异化多空间中心，积极保护重要生态功能区，特别是生态命源区，见图 9-38 所示。

一带：南华—鹿城—苍岭—广通沿龙川江城市发展带，以龙川江两岸为空间，以楚大高速、安楚高速、S322、广大高铁、G320 为纽带，以南华、主城区、苍岭、广通为基点核，构建沿龙川江城市发展带。三区：西山—紫溪山森林茶花旅游区、东华—子午都市农业观光区、青山嘴水库—九龙甸水库生态涵养区。沿

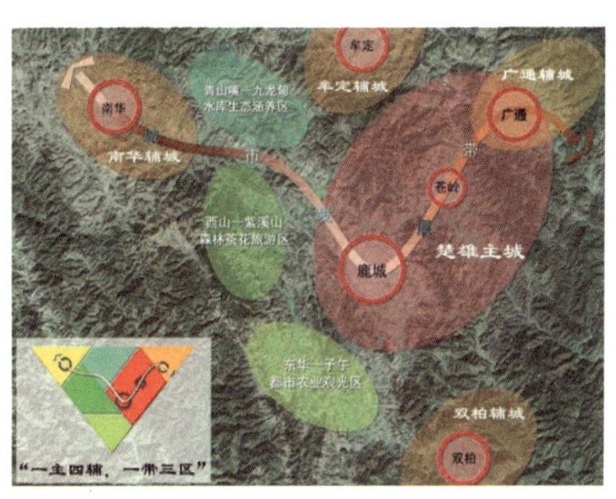

图 9-38 控制区“一主四辅，一带三区”规划图

龙川江城市发展带，是区域城市发展的主体功能区，社会人口、产业经济、城市功能的聚集带，是楚雄都市区空间战略的核心空间载体。西山—紫溪山森林茶花旅游区，是楚雄州的旅游基地与楚雄市的后花园，以旅游产业为核心，是城市“旅游西优”的具体落实。东华—子午都市农业观光区，依托东华、子午两坝优良的农田资源发展高效农业生产与农业观光相结合的农业观光园。青山嘴水库—九龙甸水库生态涵养区是楚雄市未来最重要的工业与生活用水来源与水源涵养区，是楚雄市的生态命源区，其生态涵养功能应得到加强。

4. 实施反分离规划，保护城市重要生态服务供给地安全

保护城市生态服务供给地安全，目的是确保城市生态服务供给地与城区之间的距离保持在一定的安全距离范围之内，从而城市获得生态服务资源的安全。青山嘴水库—九龙甸水库生态涵养区是楚雄市最重要的城市用水来源与水源涵养区和生态系统功能的调节中心，是楚雄市生态环境质量保障的重要基地和生态命源区。在主城区与青山嘴水库—九龙甸水库生态涵养区之间规划控制红线，禁止城市建设用地向此区域蔓延发展，及时与有效保护楚雄重要生态服务供给地青山嘴水库—九龙甸水库生态涵养区生态系统的整体性，从而确保此生态命源区对楚雄未来发展的持续性生态支撑（见图 9-39）。

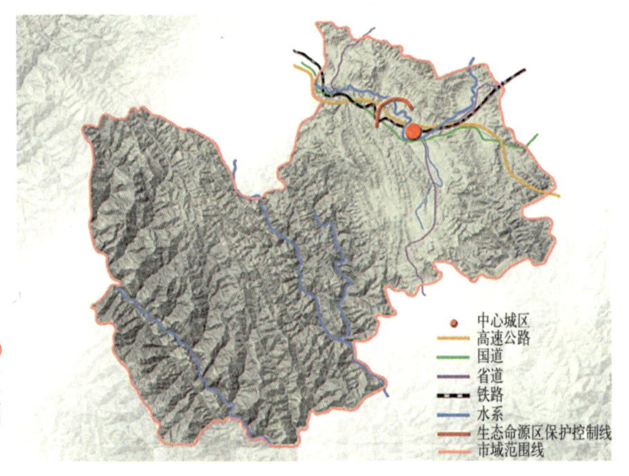

图 9-39 楚雄市生态命源区红线保护规划示意图

5. 培育绿色优势产业和新兴服务产业，减少产业对自然资源的依赖度

通过培育绿色优势产业和新兴服务产业，减少产业体系消耗能源与对自然资源的依赖度，具体的策略如下：

（1）培育绿色优势产业。①突出发展天然药业。以医药工业园区为载体，继续发展壮大盘龙云海、龙发、老拨云堂、万裕、云中、万鹤鸣、太阳药业等制药企业，积极整合天然药业发展体系，加快提高制药企业综合生产能力和市场竞争力。采取“一企一策”，支持制药企业完成 GMP 认证和支持完成认证的制药企业引进和研发附加值高、市场潜力大的拳头药品，充分发挥现有制药企业的潜力和作用。引进大集团嫁接品牌和营销网络，以现有的制药企业为基础，以联营分店为纽带，统一构建营销平台体系，实行统一的“彝药品牌”，加强对外宣传，提高彝药的市场知名度。重视彝药的研究开发，加强与省内外专家学者和科研院所的经济技术合作，努力提高吸收转化能力和自主创新能力，促

进医药产品的升级换代，打造“云南天然药城”。②壮大发展绿色食品加工业。以绿色食品加工园区为依托，以和瑞祥、泰丰、明宏公司等企业为主的禽畜加工经营企业，以宏桂、强新公司为主的绿色食品加工企业为龙头，走“企业、基地、科技、农户”四位一体和“种养加、农工贸”一体化的产业化经营之路，大力发展畜牧和绿色食品加工业。以技术标准为基础、质量认证体系为标志、标志品牌管理为手段，培植一批农林牧渔生产基地和农产品、畜牧产品加工和营销企业，并带动关联企业的发展，形成适应市场需要和消费潮流变化的楚雄特色绿色产业经济。

(2) 培育新兴服务产业。①努力实现旅游业新跨越。加大投入和政府政策支持力度，推进旅游业资源整合、机制创新、产品包装、品牌培育和市场拓展，实现楚雄旅游产业的结构调整、增效提质和转型升级。充分利用地缘区位和生态环境优势，突出以“古”为主的自然文化遗迹和以“彝”为主的多民族文化风情，积极开展民族风情旅游、休闲度假游、生态观光游、科考探险游等多种旅游形式，重点打造彝人古镇、国际茶花谷、哀牢山生态游、太阳历公园、彝族博物馆、紫溪山、火把节、左脚舞等旅游景点、产品和品牌，将楚雄建设成为大昆明国际旅游圈的重要旅游观光、休闲度假城市之一，成为连接滇中与滇西、滇西北黄金旅游线上的重要节点。②大力培育商贸物流产业,发挥区位优越、交通方便、物资供应互补等优势，在加强公路、铁路网络建设的同时，加强客货运设施、物流仓储场地和商贸网点、专业市场建设，积极培育专业化连锁经营企业、交通运输企业和物流配送企业，努力把楚雄市培育成为面向昆明、承接滇西、川南的商贸物流中心，将楚雄市建设成滇中物流基地。③借势发展花卉产业。楚雄市气候条件优越，生物资源丰富，具有发展花卉产业的优良基础；云南的花卉产业已经形成品牌，虽然相对于昆明等城市不具有先发优势，但是也可以借助即将在楚雄召开的第27届国际茶花大会的契机，大力发展以茶花为主的花卉产业，通过差异化发展谋求楚雄在花卉产业方面的突破。

6. 推进产业的区域协作和空间集聚，提升产业技术与资金含量

推进产业的区域协作和空间集聚，提升产业技术与资金含量，从而减少产业对自然资源，特别是土地空间资源与劳动力资源的依赖，具体策略如下：

(1) 积极承接外部高端产业转移。①全球产业转移。随着经济全球化进程的推进，发达国家新一轮的全球性产业转移正在进行，在我国加入WTO后，跨国公司纷纷加快了与我国企业合资合作的步伐，我国凭劳动力成本优势等，承接发达国家的产业转移，正成为“世界工厂”。随着中国—东盟自由贸易区和大湄公河次区域经济合作的建立，这些国家和地区的劳动密集型或自然资源密集型的产业将逐步转移到其他地区。②泛珠三角产业转移。20世纪80年代初，三资企

业在珠江三角洲开始落户，当时香港面临高地价、高工资、高通胀和劳动力短缺的压力，加工业大部分转移到近水楼台先得月的珠江三角洲。粤港两地“前店后厂”式的发展模式，使得广东成为世界主要工业制造中心之一。现在，随着发展，为了获得一个广阔的发展空间、一个互补性更强、更有合作优势的经济区域，广东率先提出了“泛珠三角经济圈（9 + 2）”区域合作概念，将那些曾经在广东比较具有优势而今相对饱和的产业转移到其他地区。③昆明市产业转移。随着昆明市产业结构的调整，未来重点发展第三产业，尤其是金融贸易业、房地产业、旅游业；高附加值、高加工度、高技术含量的工业逐步成为第二产业的主体，成为全省高新技术产业密集基地。而以往传统的劳动密集型、污染重、技术层次低的产业将逐步向其外围地区转移。楚雄应创造条件，抓住机遇，积极迎接昆明产业的转移。

（2）大力拓展空间协作范围。①在市域、州域层面上，楚雄市也应加强对周边县乡产业之间的辐射与协作，加快产业方面的“以城带乡”、“以工促农”，推进城乡之间在产业方面的衔接，助推城乡一体化。在楚雄市未来的产业发展战略路径图上，可以看到未来楚雄的产业体系构成将形成以医药业、绿色食品加工业、商贸旅游及房地产业为主导，以烟草业为支柱，兼顾畜牧业、冶金能源及机电加工业。可见，产业体系以跨越式发展为主。在这种情况下，就要求楚雄周边城镇补充发展其他产业，以弥补楚雄产业比较单一的现状，构成互补的产业体系。如禄丰县城的冶金矿产业和建材，一平浪镇的盐矿和煤矿，南华县城的农副产品加工和商贸服务业，广通镇的物流业，都可以构成楚雄产业体系的有益补充。②在滇中甚至更大区域层面上，随着云南省及与“两亚”国际大市场、大流通格局的日趋完善，楚雄将成为云南连接东南亚、南亚国际大通道的重要枢纽。在国家实施西部大开发，中国—东盟自由贸易区和泛珠江三角洲等大区域经济发展态势的推动下，楚雄作为滇中经济循环圈的核心区，十分有利于集聚各方资源，承接产业转移，吸纳生产要素，扩大市场辐射，拓展发展空间，在不远的将来必将形成新一轮发展的热潮。

（3）着力地培育产业集群。国内外发达国家、地区的发展经验证明，培育产业集群是当前各个国家、地区发展产业和提升区域竞争力的重要手段，楚雄可以重点培育的产业集群见表 9-8 所示。

◎ 9.4 《扶绥城市发展战略规划》案例

9.4.1 发展概况

1. 发展现状

扶绥县位于广西壮族自治区西南部，地理坐标为东经 107°31′ ~ 108°6′，北纬

楚雄市特色产业链与产业集群构建　　表 9-8

	产业集群	产业链与集群
复合产业	葡萄	葡萄庄园、葡萄酒厂、旅游观光等
	花卉	以茶花为特色的种植、加工、销售、运输等
	烟草业	烟叶种植、烤烟、包装彩印、卷烟辅料
	天然药业	天然药材种植基地、彝药研发、生物制药、药品销售
第二产业	绿色食品加工业	野生菌、山野菜、核桃、干果、茶叶、黑山羊等农产品、禽畜产品种养加工，绿色食品、无公害食品、有机食品、保健食品、旅游食品加工制造
	有色金属冶炼业	铜、金、铝、铅、锌等有色金属、稀贵金属探查、开采、冶炼、加工、制造，矿电结合、煤电联营
	石化产业	开采、炼制、深加工、化工等
	现代物流业	运输业、仓储业、物流和配送业、装卸包装业、电子商务、专业批发市场、连锁经营机构、中小商业网点等
第三产业	文化旅游业	旅行社、旅游景区景点、旅游交通、餐饮、住宿、商业、娱乐、康体、演艺，旅游集散中心、旅游工艺品加工、旅游商品交易市场、旅游会展节庆等

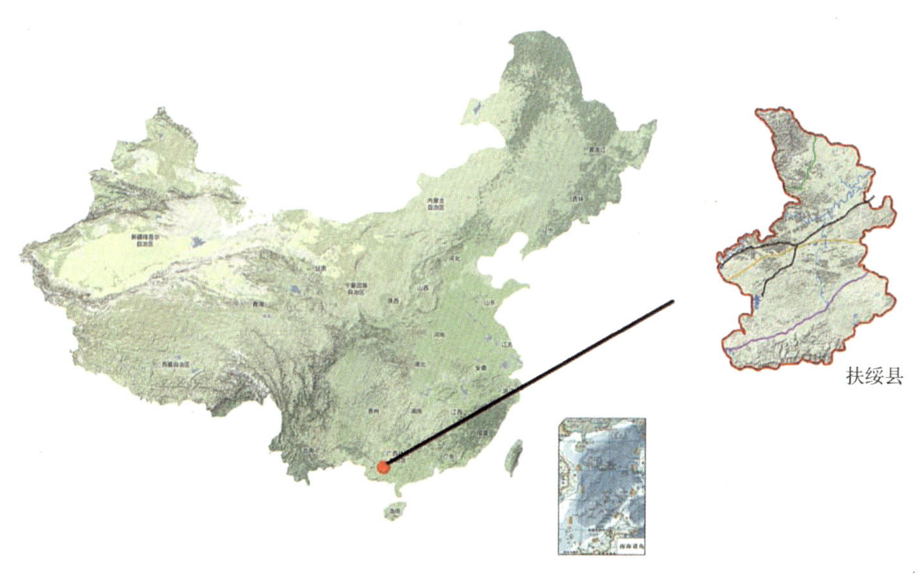

图 9-40　扶绥区位图

22°17′ ~ 22°57′，全境处在北回归线以南，见图 9-40 所示。

扶绥为崇左市所辖，西邻崇左市江洲区，南接防城市上思县，北靠南宁市隆安县，东北紧邻南宁市区江南区，东接南宁市邕宁区。扶绥是中国—东盟自由贸易区的主要交通、经济通道，县城与自治区首府南宁市相距55km，距南宁吴圩国际机场25km，距中越边境200km，并和北海、钦州、防城沿海城市隔山相望。

全县辖8镇3乡，共128个行政村、13个居委会，聚居有壮、汉、苗、瑶、侗等18个民族。中部以县城为中心，附近城镇分布较为密集，有龙头乡、昌平乡、岜盆乡和渠黎镇；北部有中东镇；南部有柳桥、东门、山圩3镇；西部有渠旧镇和东罗镇。2008年年末全县总人口44.2万人，其中非农业人口约9万人，在总人口中，壮族约占80%，汉族占17%。县城设在县域中部的新宁镇，县城2008年年末常住人口约7万人。

据初步统计，2009年全县地区生产总值完成65.46亿元，同比增长8.8%；全社会固定资产投资创历史新高，完成38.2亿元，同比增长56.7%；财政收入创历史新高，完成7.056亿元，同比增长14.55%；全县规模以上工业总产值41.18亿元，规模以上工业增加值16.21亿元；城镇居民人均可支配收入14334元，农民人均纯收入4628元，同比增长7.0%。消费市场取得新进展，社会消费品零售总额完成9.53亿元，同比增长15.68%。

扶绥与南宁之间具有多维交通方式，南友高速、湘桂铁路、左江航道、322国道、沙井至扶绥二级公路以及正在规划建设的南宁至凭祥的高速铁路。特别是规划在扶绥设站的南宁至凭祥高铁，是西南出海出边的重要高铁通道，这将缩小扶绥与南宁之间的时空距离，加强两地之间的联系。建设以吴圩机场为核心的空港新城，空港新城辐射区包含扶绥县东侧的空港工业区、机场经济区，这将大大地带动扶绥县的各类产业，尤其是物流运输行业的发展。同时，随着中国－东盟自由贸易区的建设，南宁成为广西与东盟联系的重要核心城市，而扶绥是南宁从桂西南通往越南及东盟的必经之地。这些都决定了扶绥在未来的发展区域格局中占有重要战略位

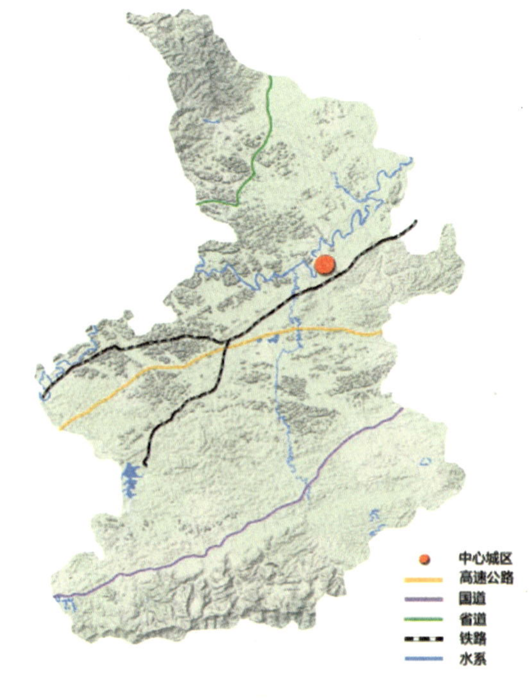

图9-41　扶绥现状图

置，如图 9-41 所示。

2. 城市发展定位

根据扶绥所处的时代背景与区域环境，其应从超越外部环境和充分分析自身发展基础上着眼，通过寻找和凝聚优势要素来科学确定城市发展战略定位。即扶绥的发展定位不应局限于扶绥自身，而要放大到南宁都市区和北部湾经济区城镇群来审视，同时也要立足于自身发展的基础和优势，并遵循其内在发展规律。

根据扶绥所处区域格局的演化，各区域层面的功能以及相关规划对扶绥的定位，扶绥未来应以“三近三沿”的交通区位和“五位一体”的交通体系为依托，立足广西“两区一带”战略的交界区域，充分发挥融入对接南宁、积极沟通崇左、面向东南亚的新门户作用；应抓住南宁临空经济建设的大好机遇，以开放合作的态度，着力发展临空产业和都市服务型产业，重视生态建设和城市服务，努力建设成为支撑南宁都市区西南片区发展的战略高地，以及未来吴圩空港经济区的重要板块。

综上所述，扶绥未来的城市功能定位是：都市门户、临港新极、上水之城。其城市发展目标是：努力将扶绥建设成为背靠区域性国际城市南宁，面向东盟陆路大通道的现代门户；以现代制造等临空产业为主要特征的南宁新兴工业基地；现代化农业生产和生态旅游休闲优势突出的南宁首府后花园。

1）门户型城市

经济全球化的背景下，城市体系出现新的变化，建设门户型城市已经成为新一轮城市竞争力提升的战略途径。门户型城市是一个地区出入与内外交往的枢纽城市。在地理区位上，门户城市必须是处于主要交通咽喉，邻近中心城市，并且是某一较大区域内的综合交通枢纽所在地。就经济和社会发展而言，门户城市自身经济发展水平较高，能对外部产生极大的吸引力，对中心城市腹地的发展有极大的促进和牵引作用。扶绥交通便利，南友高速、322 国道、湘桂铁路穿境而过；水路通过左江航道可直达首府南宁，随着南宁至扶绥二级公路的建成通车，南宁至凭祥高速铁路的规划建设以及扶绥通往吴圩机场的市政大道的规划建设，待自治区打造“西江亿吨黄金水道”战略实施，扶绥将可通过众多交通方式与南宁主城区对接，空、铁、陆、水“四位立体”的交通网络，而成为“南宁的窗口，首府的门户”。

2）临港新极

此处的“港”是广义上的“港”，不仅指空港，还包括河港、铁路货运站等交通枢纽。临港经济是指依托机场、码头、铁路货运站场等设施资源，通过运输行为及其制造活动，利用交通枢纽的产业聚集效应，促使相关资本、信息、技术、人口等相关生产要素向其周边地区集中，以机场、码头等为中心形成了关联度较高的产业集群的区域经济体系。世界经济发展历史表明，正如18世纪的港口、19世纪的铁路、20世纪的高速公路，机场也日益成为21世纪带动城市发展的重要动力，依托机场形成的临空经济越来越成为许多国家和地区资源的汇聚点和经济增长的核心，愈发成为引领当地经济发展的重要“引擎”。国内主要城市近年来也开始重视和加大发展临空经济的力度。

3）上水之城

实质是城市“后花园”的演绎，更强调其生态、宜居及服务功能。其具体内容是为经济快速发展的中心城市居民提供旅游、度假等休闲娱乐服务；为中心城市经济快速发展提供适宜居住、创业的人居环境空间载体；服务南宁甚至更大范围生态系统环境质量的生态功能调控中心。

9.4.2 基于城市生态版图分析的城市发展问题

1. 空间问题

目前，扶绥出现与楚雄相同的空间问题，即城市空间发展方向不明确和空间功能分区模糊。在过去的几年，由于中国—东盟青年产业园与南友高速的建成，城市重点向南发展，而近期正在规划的南宁吴圩空港经济区，使扶绥近期选择重点向东发展，并修建了通往空港的高等级公路。同时，随着广西藤水湾影视基地项目落户县城江西岸村，跨江向北发展也被看好，而城市西侧具有旺庄河优美的自然资源，很多度假村也主动聚集于此，特别是高档房地产项目都有意选择在此区域，在民间自动开发与房地产的推动下，城市向西发展的动力很大。向西，从城市大系统空间来分析，城市西部的旺庄河流域是扶绥的重要生态功能区，同时也是扶绥的水源区，因此城市不应向西蔓延发展。向东，由于出现空间断层，扶绥县城与吴圩机场经济区结合不紧密，不能充分接受吴圩机场经济区的辐射带动作用，扶绥城市空间向东发展也面临一定的困难。向北，由于扶绥县城西北侧与东北侧分别有海螺水泥厂与扶南糖厂两个大型企业，占据整个县城的北部，同时由于城市空间规模与经济相对小，跨江发展存在很大难度，因此城市向北发展明显是心有余而力不足。环境与经济、近期与长期、发展与实力、机遇与挑战之间的矛盾在扶绥城市空间发展中充分体现。

2. 产业问题

扶绥经济仍过分依赖于第一产业，第三产业贡献率低，即产业产出仍高度依赖农业土地空间资源。2008年，第一产业增加值21.70亿元，占地区生产总值的比重为36.4%，对经济增长的贡献率为18.6%；第二产业增加值19.32亿元，占地区生产总值的比重为32.4%，对经济增长的贡献率为51.3%；第三产业增加值 18.56 亿元，占地区生产总值比的重为 31.2%，对经济增长的贡献率为 30%。三次产业的结构为 36.4：32.4：31.2，扶绥的产业结构偏向于农业化后期至工业化初级的演进阶段，即农业在国民经济中仍处于重要地位，比重超过第二产业和第三产业。

扶绥的城市发展战略定位是上水之城市，其内涵是城市有两个层面：一是扶绥城市本生态环境好，为本市以及南宁提供适宜居住、创业的人居环境；二是扶绥要为南宁甚至更大范围空间提供生态服务。即为经济快速发展的中心城市居民提供旅游、度假等休闲娱乐服务，为中心城市经济快速发展提供适宜居住、创业的人居环境空间载体，为南宁甚至更大范围空间提供生态服务。但若按目前扶绥的产业结构以及未来发展来分析，远远达不到城市发展战略定位提出的要求，对扶绥城市产业结构与未来发展进行战略性调整势在必行。

9.4.3 城市发展对策

1. 实施融入对接发展战略，构建空港经济区新板块

扶绥城市空间发展方向应深入系统分析其空间拓展力，其空间拓展力由交通拉动力、土地空间支撑力、区域联动力、区域城市引力四方面构成，见图 9-42 所示。①北向发展分析。向北无发展空间，没有成熟城镇。交通拉动力、土地空间支撑力、区域联动力、区域城市引力都不支持向北发展。但若是经济规模达到相当规模，储备足够的发展能量，跨江发展新区，利用左江水系景观整体提升城市品质，也是战略选择之一。综合分析，向西发展条件不成熟。②向南发展分析。向南用地条件好，但交通优势弱、无成熟城镇，以及此区为国家级

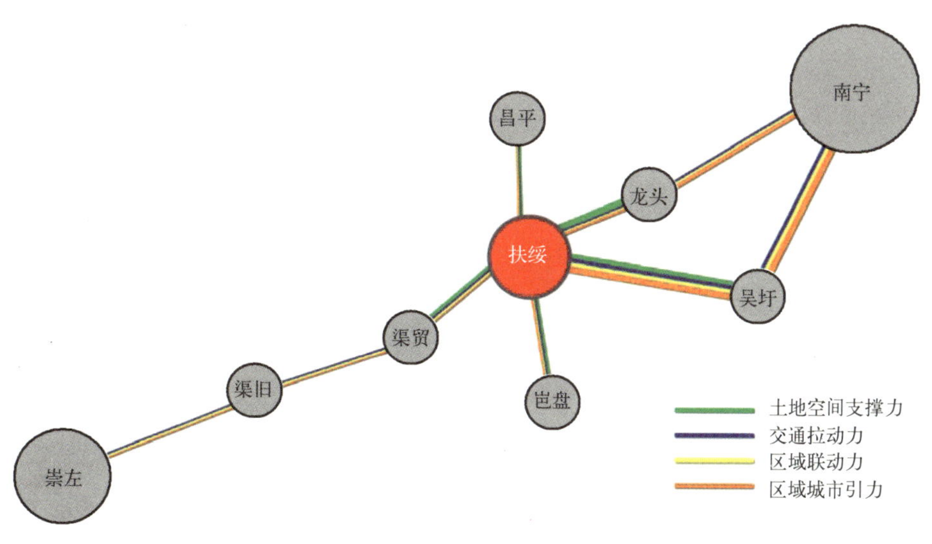

图 9-42 扶绥空间现状拓展力分析图

基本农田保护区，所以向南发展存在很大难度。交通拉动力、区域联动力、区域城市引力都不支持向南发展，土地空间支撑向南发展。综合分析，城市向南发展的可能性很小。③向西发展分析。向西用地条件好，交通拉动力强，有成熟城镇，但由于向西为国家级基本农田保护区，以及崇左对扶绥的拉动作用由于空间距离过长，强度不大，所以向西发展的条件一般。④向东发展分析。向东用地条件好，交通牵力强，存在系列成熟城镇，特别是吴圩机制的带动作用。综合分析，交通拉动力、土地空间支撑力、区域联动力、区域城市引力都支持城市向东发展。综合分析，向东发展条件比较成熟。

综合分析，扶绥城市空间拓展的基本原则是“东进、南拓、西控、北优”，即空间发展的长远方向是往东拓展（南宁），近期方向是往南部拓展（城南新区），向西是控制发展，保护好水源保护区与县城生态屏障。并在城市发展的适宜阶段，向北优化使用城市滨江景观资源，充分利用左江水系资源，整体提升城市环境品质。

2. 实施反分离规划，保护城市重要生态服务供给地安全

充分利用城南新区的带动作用，以及城南新区东侧存在大量可建设用地，依托南宁空港经济区，向东发展城市居住空间与产业空间，新建林旺新城区，形成“一轴两带，四心三片区”的空间结构。并在此基础上，实施反分离规划，保护城市重要生态服务供给地安全。

保护城市生态服务供给地安全，目的是确保城市生态服务供给地与城区之间的距离保持在一定的安全距离范围之内，从而城市获得生态服务资源的安全。扶绥城市西边的左江与旺庄河是扶绥城市最重要的城市用水来源与水源涵养区和生态系统功能的调节中心，是扶绥城市生态环境质量保障的重要基地和生态命源区。在主城区与城市西边的左江与旺庄河之间规划控制红线，禁止城市建设用地向此区域蔓延发展，及时与有效保护扶绥重要生态服务供给地城市西边的左江与旺庄河生态系统的整体性，从而确保此生态命源区对扶绥未来发展的

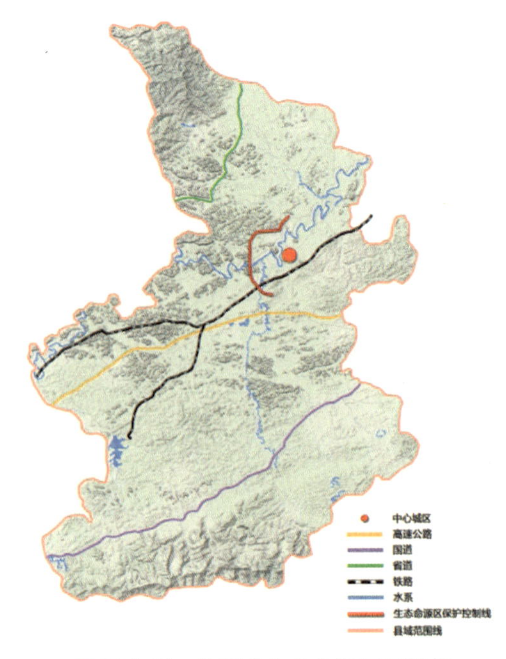

图 9-43　扶绥市生态命源区红线保护规划示意图

持续性生态支撑，见图 9-43 所示。

3. 实施后花园战略，构建后花园经济体系

扶绥的城市发展战略定位是上水之城市，但若按目前扶绥的产业结构以及未来发展来分析，远远达不到城市发展战略定位提出的要求，对扶绥城市产业结构与未来发展进行战略性调整势在必行。根据城市发展战略要求，坚持“二产带动三产、三产促进二产”，优化产业结构，扶持金融、物流、信息服务、商务会展等高端服务业，促进生产性服务业与先进制造业融合发展。推动一产向三产延伸，以观光农业园、科技农业园、生态教育园、农庄民宿游等模式，促进农业向生态旅游业、休闲服务业发展。明确方向，围绕三大思路进行产业体系构建：实施同城化战略，做强城际型产业；实施后花园战略，壮大文教旅游等服务产业；实施以港兴城战略，培育空港、河港配套产业，见图 9-44 所示。

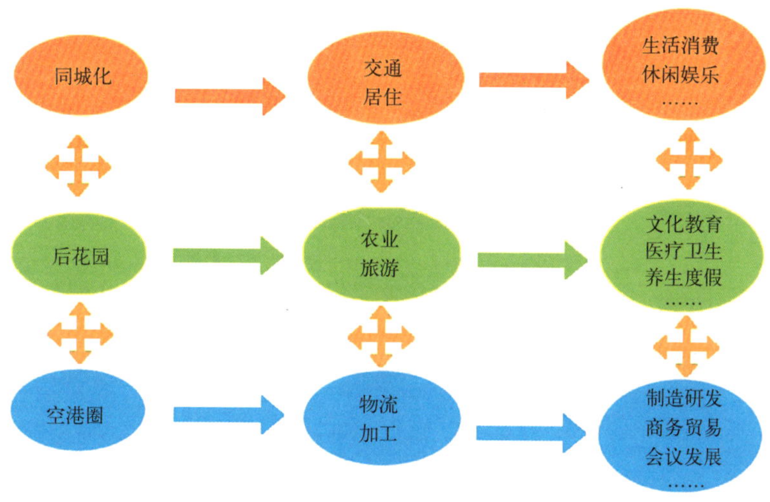

图 9-44 扶绥产业发展思路

同时，借鉴相关发展案例，扶绥发展后花园经济应注意以下几点：一是层次性，指的是发展后花园经济在产业上要有层次高低之分；二是阶段性，指的是发展后花园经济要注意其发展的阶段性，不同时期注意发展的侧重点有所不同；三是长期性，指的是发展首府后花园经济不是一蹴而就，必须有目的、有计划地进行，需要长期的努力、不断的完善。总体而言，结合现状和优势，扶绥发展首府后花园经济可包括以下产业：现代都市观光农业、生态旅游业、居住消费产业、休闲娱乐产业、文化教育产业、医疗养生养老产业等，力争成为第一个真正融入南宁的城市后花园。

4. 实施以港兴城战略，构建空港圈经济体系重要板块

实施以港兴城战略，构建空港圈经济体系重要板块也是对扶绥城市产业结构与未来发展进行战略性调整的战略举措。依据《南宁吴圩机场总体规划》和《南宁空港经济圈发展规划》，未来南宁吴圩机场周边将可能形成以机场为核心，吴圩镇、明阳工业区、苏圩镇和扶绥空港经济区四大板块共同构成的空港新城，见图 9-45 所示。在这一发展战略构想中，各组团分工各有不同，根据区位与资源条件，扶绥空港经济区可重点发展居住及生活配套、仓储物流、会展商贸、临空制造和农业、园艺、旅游服务等产业，以便与其他板块形成功能互补和差异化发展。扶绥行政边界距离吴圩机场最近处为 10km。应充分利用这个区位优势，在后花园和空港经济战略目标的导引下，大力实施以港兴城战略，构建扶绥在未来吴圩空港圈经济体系中的重要产业板块。（表 9-9）。

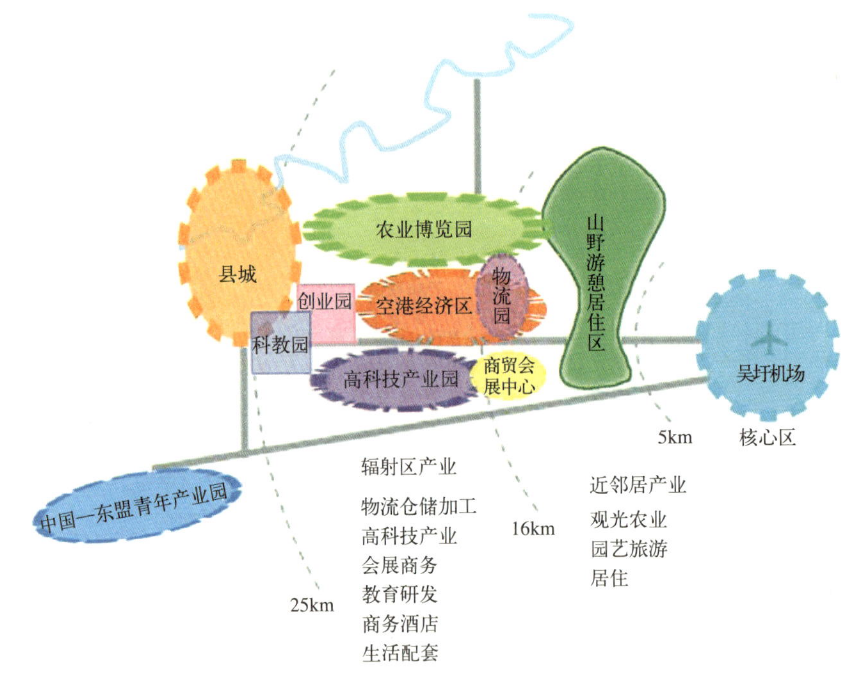

图 9-45 扶绥与南宁空港的关系及产业空间布局

南宁空港经济圈产业发展规划 表 9-9

区位	距离	板块	主导产业
内圈层	≤ 5km	机场及周边	机场物流、仓储、简单加工业等
中圈层	5 ~ 15km	吴圩镇	临空科技产业、物流会展商贸等
		明阳工业区扶绥空港经济区	
外圈层	15 ~ 25km		生活配套、旅游、农业园艺等
		苏圩镇	

第 10 章

结语——城市责任

城市生态版图理论的核心观点认为生态版图极度扩张与收缩，即当生态版图面积超过或小于行政版图面积一定的程度时，生态外泄型城市与生态外侵型城市都存在潜在危险，生态外泄型城市有生态环境恶化的潜在可能，而生态外侵型城市存在生态安全风险与生态成本增高的可能。生态环境的恶化与生态安全风险的增高都有摧毁城市的潜在危险，即现实中有生态外侵城市，必有生态外泄城市，若不加以控制，出现极度的生态版图扩张与收缩，就可能出现因生态环境恶化而发生的城市生态灾难。但在现实中，城市在发展过程中，竞争始终伴随左右，其对资源的竞争也许从就没有考虑过会对外部带来怎样的影响，这是纯经济市场条件下的必然结果。那么在纯市场条件下，要实现城市发展更高的价值目标，城市还有什么新的思维模式和途径呢？

◎ 10.1 非合作博弈的城市竞争

城市竞争是指各城市为实现自身经济发展和社会进步而发生的利益之争，市场经济条件下的城市竞争是一种客观存在。正如各类经济主题的竞争一样，城市竞争对于城市发展具有强烈的促进作用。首先，在全球化背景下，为适应全球竞争和国际合作向更高层次和更新形态发展，城市会采取提高资源优化配置、产业结构调整、科技创新和增强城市竞争力等策略。其次，城市竞争促进了城市发展软环境的改善和城市发展硬环境的改善，让市场在资源配置中发挥基础性作用，提高政府公共产品的供给，从而使市场经济释放更大的潜能，城市之间竞相加快自身的交通、能源、环保、信息等基础设施建设的力度，改善行政区域内部的基础设施环境，增强对生产要素的集聚能力，加强基础设施规划，使城市基础设施水平不断得到提高。但在现实中，城市竞争也同样造成非合作博弈。城市政府在竞争中可能采取地方保护主义行为而使城市经济发展有悖于区域经济一体化的发展方向，出现所谓的诸侯经济、地方保护主义、市场分割或行政区经济等现象，政府行为介入市场竞争，阻止资源流出，限制外地商品进入本地市场，阻碍统一市场体系的形成和市场在资源配置中基础性作用的有效发挥，特别是城市政府竞争的非合作博弈还会表现在重复建设和破坏环境等方面。例如我国长江流域、黄河流域上中下游城市发展对长江、黄河水资源的保护和利用态度就存在很大的差异，里面就存在非合作博弈因素。

城市竞争产生的这些负面影响我们称之为城市竞争非合作博弈，城市竞争非合作博弈是指城市发展过程中，由于追求自身的发展而造成对外部城市的损害。组织自身与其社会环境之间的关系是一种利益博弈关系。这种博弈关系，既包括合作博弈，也包括非合作博弈。合作博弈的结果是组织与社会环境之间利益关系的“共赢”，即双方利益关系的最大化；非合作博弈的结果是组织与社会环境之间利益关系的“共亏”，即双方利益关系的非最大化甚至最小化。城市发展是局部与整体发展相平衡的发展，从时间跨度来分析，其发展应是相平衡的过程；城市发展仅仅从城市内部资源来获得是有缺欠的，应该是与外部相互补与互动；城市发展、区域发展都存在信息不对称的问题，而发展资源与空间的冗余性是必要的；城市不能无限做大，时刻有资源极限的概念，但城市竞争必然是对资源的占有。

通过义乌与南充城市生态版图的比较分析，认为义乌生态属于外侵型城市发展模式，加剧区域生态公平失衡。在义乌城市发展过程中，大量的生物资源、特别是水资源绝大部分从城市外部获得。而南充严重生态外泄，城市生态质量有恶化趋势。从城市本身的发展来分析，义乌与南充城市发展模式都是现实经济市场的正常结果，或者说是合理选择。但站在更大的层面来观察，理想的结果不是这样。如果南充一味依靠出口生态资源，造成生态环境破坏，城市发展是不可持续的；如果义乌以经济之能力不断跨境占用外部生态资源，增加城市对生态系统资源的掠夺，都将增加人类对自然生态系统的压力。结果不仅是代表生态外泄的南充城市不愿看到，也是代表生态外侵的义乌城市所不愿看到的。因此，市场经济背景下的城市竞争，存在合作博弈，也存在非合作博弈。针对非合作博弈，仅靠技术性手段是不够的，通过城市生态版图空间结构的深入探讨已经清楚给予了回答。要实现城市之间共存共赢，实现持续发展，也许更加需要其他途径。由于制度、技术的发展，解决城市发展非合作博弈的途径会越来越多，但技术性方法不可能完全解决，这种困境会永远存在，因此城市责任是解决这一困境的新途径，可以发挥技术所不能发挥的作用。外部性永远存在，垄断不可能完全消除。也就是技术层面的解决途径不可能全部解决目前的困难，因此意识层面的约束性准则或认识更应该得到重视。

◎ 10.2 城市责任理念呼吁

目前，我国的很多城市仍然以经济强市为主要战略目标，而没有融入社会责任的发展理念。城市履行社会责任，是城市文化建设的重要方面，也是实现可持续发展的重要战略。将社会责任嵌入城市长期发展战略，首先要将社会责任的理念融入城市的战略目标。

城市责任的正式定义虽经国内外论坛多次讨论，却仍莫衷一是。我们对城市责任的定义为城市在获得自身发展的同时，还要承担对区域、国家发展的社会责任。城市责任是在遵守更大区域空间协调发展下的社会契约，这种契约不断变动，城市责任的理论和实践同样也是随着时间的推移而不断演进的。所以，城市责任思想具有一个复杂的演进过程，是城市自身发展到一定历史阶段，在自身获得持续发展的前提下，以人文关怀的精神促进区域共同利益，城市发展的目标重心从传统的城市利润最大化转为社会整体利益最大化。这个理解强调了以下几点：城市责任是城市发展到一定阶段出现的，不是从来就有的；城市责任的一个基本前提是城市自身的发展；城市责任重点强调的是一种人文关怀精神；城市责任并不否定城市对利润的追求，因为获取一定的利润是城市发展的基础，它只是强调城市的目标重心转为社会整体利益最大化，不再简单地追求城市个体利益最大化；城市责任履行受到一定条件的约束，城市文化传统、城市经济发展程度、城市工业化程度都是其约束条件。

人类在漫长的自我解放过程中，并非只要自己的欲望得以满足就够了，人类在追求自己的欲望或需求之满足时，总试图在自己所知道的选择范围内作出最佳选择，这便是对生存方式合理性的追求。在现代社会，城市的飞速发展已成功地为人类的生存提供高效、高速和优美的生产生活场所，但却没有成功地解决城市发展与环境发展和谐的问题。不懈地追求城市发展，肆无忌惮地滥用资源，但事实上城市发展并不是全部，如果不能把城市发展的成果与人类生存的意义现实地结合起来，城市发展的根本方向就会发生偏离，特别是当今城市爆炸式做强做大发展的今天。因此，我们应该清醒地认识到，城市发展是有极限、有阶段的，城市是具有高于城市本身的发展责任，城市的发展需要一场极其彻底的人类意识的革命，需要人类生活的重新定向，更需要对现代城市发展方式的彻底反省。

2010 年，在本书写作进入最后的阶段，我从网上获悉由国家环境保护部、国家气象局、国家能源局、上海世博会执行委员会、联合国环境规划署和南京市政府共同主办的中国 2010 年上海世博会“环境变化与城市责任”主题论坛在南京举行。在“城市，让生活更美好”的世博会核心主题下提出“环境变化与城市责任”这一分主题，目的在于明确对环境变化产生主要影响的政府、企业、公民这三大责任主体，并通过责任主体的分工合作来共同应对人类挑战。会议的主题是深刻的，是对时代的敏锐把握，与我写作本书的回归点不谋而合，庆幸已有很多人关心地球、关心城市，相信会有越来越多的人关心城市，我们对城市责任的呼吁相信会触动每一个城市人！

参考文献

[1] Alice L.Clarke.Assessing the Carrying Capacity of the Florida Keys[J].Population and Environment，2002，23（4）：405.

[2] Anne F.，Bennett R.S.Ecological Risk Assessment and the Precautionary Principle[J]. Human and Ecological Risk Assessment，1999，5（5）：943-949.

[3] Arrow K.，Bolin B.，Costanza R.Economic Growth，Carrying Capacity and the Environment[J].Science，1995（268）：520-521.

[4] Beckerman W.Economic Growth and the Environment：Whose Growth Whose Environment World Development[Z]，1992（20）：481-496.

[5] Cleveland C.J.，Costanza R.，Hall C.A.S.，et al.Energy and the US Economy：a Biophysical Perspective[J].Science，1984（225）：890-897.

[6] Grossman G.，Krueger A.Economic Growth and the Environment[J].Quarterly Journal of Economics，1995，110（2）：353-377.

[7] Irmi Seidla，Clem A.，TisdellbL.Carrying Capacity Reconsidered：from Malthus' Population Theory to Cultural Carrying Capacity[J].Ecological Economics，1993（1）：395-408.

[8] Jordi Roca，Emilio Padilla，Mariona Farre.，Vittorio Galletto.EconomicGrowth and Atmos Pheric Pollution in Spain：Discussing the Environmental Kuznets Curve Hypothesis[J]. Ecological Economics，2001（39）：85-99.

[9] Kreg Lindberg，Stephen McCool，George Stankey.Rethinking Carrying Capacity[J].Research Notes and Reports，1996：461-465.

[10] Kuznets S.Economic Growth and Income Equality[J].American Economic Review，1955，45（1）：1-28.

[11] Lieth H.F.H.Modeling the Primary Productivity of the World[J].Nature and Resources，1972，8（2）：5-10.

[12] Meadows D.H.，Meadows D L.，Randers J.，et al.The Limits to Growth[M].London：Earth Island Limited，1972.

[13] Mohan Munasinghe L.Is Environmental Degradation an Inevitable Consequence of Economic Growth：Tunneling through the Environmental Kuznets Curve[J].Ecological Economics，1999（29）：89-109.

[14] OdumH.T. 能量、环境与经济 [M]. 蓝盛芳译 . 北京：东方出版社，1992.

[15] Panayotou T.Demystifying the Environmental Kuznets Curve：Turning a Black Box into a Policy Tool[J].Environment and Development Economics，1997（2）：465-484.

[16] Rothman D.S.Environmental Kuznets Curves ~ Real Progress or Passing the Buck—A Case for Consumption Based Approaches[J].Ecological Economics，1998（25）：177-194.

[17] Selden T.M.，Song D.Environmental Quality and Development：Is There a Kuznets Curve for Air Pollution Emissions[J]? Journal of Environmental Economics and Management，1994（27）：147-162.

[18] Shafik N.，S.Bandyopadhyay.Economic Growth and Environmental Quality：Time Series and Cross Country Evidence，Background Paper for the World Development Report the World Bank，Washington DC[R]，1992.

[19] Vivek Suri，Duane Chapman.Economic Growth，Trade and Energy：Implications for the Environmental Kuznets Curve[J].Ecological Economics，1998（25）：195-208.

[20] Wackernagel M.，Rees W.E.Our Ecological Footprint：Reducing Human Impact on the Earth[Z].New Society，Gabrioala，BC，Canada，1996.

[21] 陈成忠，林振山，陈玲玲 . 生态足迹与生态承载力非线性动力学分析 [J]. 生态学报，2006，26（11）：3812-3816.

[22] 陈丽萍，杨忠直 . 中国进出口贸易中的生态足迹 [J]. 世界经济研究，2005（5）：8-11.

[23] 成升魁，徐增让，沈镭 . 中国省际煤炭资源流动的时空演变及驱动力 [J]. 地理学报，2008，63（6）：603-612.

[24] 杜秋莹，李国平 . 跨区域环境成本及其补偿 [J]. 社会科学家，2006，120（4）：69-80.

[25] 杜鹰 . 我国的城镇化战略及相关政策研究 [J]. 中国农村经济，2001（9）：21.

[26] 樊杰 . 能源资源开发与区域经济发展协调研究——以我国西北地区为例 [J]. 自然资源学报，1997，12（4）：349-356.

[27] 付在毅，许学工 . 区域生态风险评价 [J]. 地球科学进展，200lb，l6（2）：267-271.

[28] 高吉喜 . 可持续发展理论探索：生态承载力理论、方法与应用 [M]. 北京：中国环境科学出版社，1998.

[29] 谷树忠，耿海青，姚予龙 . 国家能源、矿产资源安全的功能区划与西部地区定位 [J]. 地理科学进展，2002，21（5）：410-419.

[30] 顾朝林，甄峰，张京祥 . 集聚与扩散 [M]. 南京：东南大学出版社，2000.

[31] 郭林 . 哈尔滨生态足迹初探 [D]. 哈尔滨：东北林业大学 [硕士学位论文]，2005.

[32] 郭庆海 . 我国粮食产销格局现状评价与前瞻 [J]. 农业经济问题，1997（11）：18-22.

[33] 郭秀锐，毛显强 . 国内环境承载力研究进展中国人口 [J]. 资源与环境，2000，13（3）：28-30.

[34] 胡聃，许开鹏，杨建新等 . 经济发展对环境质量的影响 [J]. 生态学报，2004，24（6）：1259-1266.

[35] 胡俊，张广暄 .90 年代的大规模城市开发——以上海市静安区为例 [J]. 城市规划汇刊，2000（4）：47-54.

[36] 黄亚平 . 城市空间理论与空间分析 [M]. 南京：东南大学出版社，2002.

[37] 贾若祥，刘毅 . 中国电力资源结构及空间布局优化研究 [J]. 资源科学，2003，25（4）：

14-19.
[38] 蓝盛芳，钦佩，陆宏芳 . 生态经济系统能值分析 [M]. 北京：化学工业出版社，2002.
[39] 李国旗 . 生态风险研究评述 [J]. 生态学杂志，1999，18（4）：57-64.
[40] 李金海 . 区域生态承载力与可持续发展 [J]. 中国人口、资源与环境，2001，11（3）：76-78.
[41] 李俊 . 中国区域能源供求及其因素分析 [J]. 资源科学，1994（2）：34-40.
[42] 李猛 . 人口承载容量研究的回顾 [J]. 地域研究与开发，1989（4）：47-49.
[43] 李明月，江华 . 生态足迹分析模型的假设条件缺陷及应用偏差 [J]. 农业现代化研究，2005，26（1）：6-9.
[44] 李文华，李世东，李芬等 . 森林生态补偿机制若干重点问题研究 [J]. 中国人口、资源与环境，2007，17（2）：13-18.
[45] 李英佳 . 谈我国能源结构的总体规划 [J]. 财经理论与实践，1994（5）：38-39.
[46] 李自珍，李维德，石洪华等 . 生态风险灰色评价模型及其在绿洲盐渍化农田生态系统中的应用 [J]. 中国沙漠，2002，22（6）：617-622.
[47] 梁琦 . 产业集聚论 [M]. 北京：商务印书馆，2004.
[48] 刘盛和 . 城市土地利用扩展的空间模式与动力机制 [J]. 地理科学进展，2002，21（1）：43-50.
[49] 罗汉红 . 澳门 1977 ～ 2004 年生态足迹研究 [D]. 广州：华南农业大学 [硕士学位论文]，2006.
[50] 马娅娟，傅桦 . 浅析生态风险及其评价方法的要点 [J]. 首都师范大学学报（自然科学版），2004，25（4）：80-84.
[51] 欧阳力胜 . 加快农村城镇化发展、扩大农村消费需求 [J]. 甘肃农业，2005（11）：18-19.
[52] 彭震伟 . 科学发展观指导下的城市总体规划编制 [J]. 理想空间，2007：6-8.
[53] 冉圣宏，薛纪渝，王华东 . 区域环境承载力在北海市城市可持续发展研究中的应用 [J]. 中国环境科学，1998，18（suppl）：83-87.
[54] 苏美蓉，杨志峰，胡廷兰 . 城市生态危机的经济学根源分析 [J]. 环境科学与技术，2007，30（3）：45-48.
[55] 唐剑武，郭怀成，叶文虎 . 环境承载力及其在环境规划中的初步应用 [J]. 中国环境科学，1997，17（1）：6-9.
[56] 唐子来，架峰 .1990 年代的上海城市开发与城市结构重组 [J]. 城市规划汇刊，2000（4）：32-37.
[57] 藤田昌久，保罗· 克鲁格曼，安东尼· J· 维纳布尔斯著 . 空间经济学：城市、区域与国际贸易 [M]. 梁琦主译 . 北京：中国人民大学出版社，2005.
[58] 王波 . 论县域经济与农村城镇化的良性互动 [J]. 东岳论坛，2004（6）：108-110.
[59] 王开运 . 生态承载力——复合模型系统与应用 [M]. 北京：科学出版社，2007.
[60] 魏森杰，魏广志 . 论国际视角下的生态正义 [J]. 重庆科技学院学报，2008（1）：38-39.
[61] 吴国兵，谭盛源 . 论集聚经济效益与城市地域结构的演变与优化 [J]. 现代城市研究，2001，4（89）：8-11.
[62] 吴志强，姜楠 . 全球化理论的实证研究：上海城市土地开发空间布局的特征 [J]. 城市规

划汇刊，2000（4）：38-46.

[63] 向玉乔 . 生态经济伦理初探 [D]. 长沙：湖南师范大学 [博士学位论文]，2002.

[64] 谢高地 . 中国生态足迹的报告（2006 年版）[R]，2006.

[65] 谢红彬 . 关于资源环境承载容量问题的思考 [J]. 新疆大学学报（自然科学版），1997，14（1）：79-84.

[66] 徐琳瑜，杨志峰，毛显强 . 城市适度人口分析方法及其应用 [J]. 环境科学学报，2003，23（3）：67-71.

[67] 徐琳瑜，杨志峰 . 城市生态系统承载力理论与评价方法 [J]. 生态学报，2005，25（4）：771-774.

[68] 徐琳瑜，杨志峰，李巍 . 城市生态系统承载力研究进展 [J]. 城市环境与城市生态，2003，16（6）：60-62.

[69] 徐琳瑜 . 城市生态系统复合承载力研究 [D]. 北京：北京师范大学 [博士学位论文]，2003.

[70] 许联芳，杨勋林 . 生态承载力研究进展 [J]. 生态环境，2006，15（5）：1111-1116.

[71] 严欢欢 . 沈阳市生态足迹与生态效率研究 [D]. 沈阳：东北大学 [硕士学位论文]，2006.

[72] 杨娟 . 岛屿生态风险评价的理论与方法——崇明三岛实证研究 [D]. 上海：华东师范大学 [博士学位论文]，2007.

[73] 杨志峰，隋欣 . 基于生态系统健康的生态承载力评价 [J]. 环境科学学报，2005，25（5）：586-594.

[74] 殷培红，方修琦，马玉玲等 .21 世纪初中国粮食短缺地区的空间格局各区域差异 [J]. 地理科学，2007，27（4）：463-472.

[75] 英迪拉· 甘地 . 消费方式：环境压力的驱动力 [Z]，1991.

[76] 于峰 . 环境库兹涅茨曲线研究回顾与评析 [J]. 经济问题探索，2006（8）：4-12.

[77] 于格，谢高地，鲁春霞等 . 我国农产品流动的生态空间跨区占用研究——以小麦为例 [J]. 中国生态农业学报，2005，13（3）：14-17.

[78] 袁丽丽 . 城市化进程中城市土地可持续利用研究 [D]. 武汉：华中农业大学 [博士学位论文]，2005.

[79] 曾维华，王华东，薛纪渝 . 环境承载力理论及其在湄洲湾污染控制规划中的应用 [J]. 中国环境科学，1998，18（suppl）：70-73.

[80] 张明，钟史明 . 迎接“西气东输”，加快优化江苏能源结构 [J]. 能源研究与利用，2001（5）：1-13.

[81] 张荣忠 . 世界能源运输线的咽喉要道——中国进口能源的运输风险与应对 [J]. 港口经济，20O4（5）：15-17.

[82] 张妍，杨志峰，李巍 . 城市复合生态系统中互动关系的测度与评价 [J]. 生态学报，2005，25（7）：1734-1740.

[83] 张彦宇，韩晓卓，李自珍 . 生态承载力模型的改进及其应用 [J]. 兰州大学学报，2007，43（1）：75-97.

[84] 章锦河，张捷 . 国外生态足迹模型修正与前沿研究进展 [J]. 资源科学，2006，28（6）：196-203.

[85] 赵杰．青岛市生态足迹的计算与动态分析 [D]. 青岛：青岛大学 [硕士学位论文]，2007.

[86] 赵媛，郝丽莎．20 世纪末期中国石油资源空间流动格局与流场特征 [J]. 地理研究，2006，25（3）：753-764.

[87] 赵媛，郝丽莎．世界油气工业空间结构模式初探 [J]. 经济地理，2004（4）：177-181.

[88] 周金堂．试论我国县域工业化与城镇化 [J]. 求实，2006（2）：41-43.

[89] 周一星，孟延春．中国大城市的郊区化趋势 [J]. 城市规划汇刊，1998（3）：22-27.

[90] 周镇徐．土地承载力和人口承载力 [J]. 自然资源，1992（2）：56-62.

[91] 朱宝树．人口与经济——资源承载力区域匹配模式探讨 [J]. 中国人口科学，1993（6）：8-13.

[92] 李文华，张彪，谢高地．中国生态系统服务研究的回顾与展望 [J]. 自然资源学报，2009，24（1）：1-10.

[93] Daily GC. Nature’s Services：Societal Dependence on Natural Ecosystems[M]. Washington：Island Press，1997.

[94] Costanza R.，d’Arge R.，de Groot R.，et al. The Value of the World’s Ecosystem Services and Natural Capital[J].Nature，1997（387）：253-260.

[95] 王道波，周晓果，张广录等．作物空间布局的灰色系统决策方法探讨 [J]. 干旱地区农业研究，2005（1）：149-156.

[96] 欧阳志云，王如松，赵景柱．生态系统服务功能及其生态经济价值评价 [J]. 应用生态学报，1999，10（5）：635-640.

[97] Tietenberg T.Environmental and Natural Resource Economics[M]. New Your：Harpers Collins Publishers，1992.

[98] 中国科学院可持续发展战略研究组．生态系统服务理论 [DB/OL]. 中国网 .http：//www.china.org.cn.

[99] 蔡晓明．生态系统生态学 [M]. 北京：科学出版社，2000：39-47.

[100] Odum H.T.，Odum E.P.The Energetic Basis for Valuation of Ecosystem Services. Ecosystems，2000（3）：21-23.

[101] Brouwer R.Environmental Value Transfer：State of the Art and Future Prospect[J]. Ecological Economics，2000（32）：137-152.

[102] Barton D.N. The Transferability of Benefit Transfer：Contingent Valuation of Water Quality Improvements in Costa Rica[J].Ecological Economics，2002（42）：147-164.

[103] 于涛方．中国“Global-Regions”边界研究——界定、演变与机制 [R]. 上海：同济大学博士后出站报告，2005.

[104] 覃盟琳，吴承照．城市生态命源区特征及其保护策略探讨 [J]. 规划师 ,2010(12):105-109.

[105] 覃盟琳，吴承照．生态版图 - 城市生态承载力研究的新视野 [J]. 城市规划学刊 ,2011,2(194):43-48.

[106] Qin Menglin,Zheng Wei,Bryce Bushman.Urban Ecological Territory Model: Discussion and Application[J].Advanced Materials Research,250-253(2011):3902-3908.

[107] Qin Menglin,Xu Hongtao,Bryce Bushman.The Ecological Effects of spatial changes in the Urban Ecological Territory[J].Advanced Materials Research,347-353(2011):2819-2828.

后　记

封笔在即，脑海却翻腾不止，更多的思绪涌上心头，过往十多年的求学历程一一浮现在眼前，总结起来，我曾走过了三种人的历程：农村人、生态人、城市人，而未来可能是城市牧牛人。

上世纪70年代，我出生在桂南的大明山脚下，家乡的山水草木，构成了我童年的每一天，在平静的生活中梦想着有一天飞到外面的世界，但我每天都在自家的晒谷场重复着黑夜中等待白天的生活。

1997年，怀着生态梦，我踏入了东北师范大学城市与环境科学学院，那时的所有梦想是做一名生态工作者；2002年，怀着生态科学家梦，我跨入东北师范大学生命科学学院，在草原上继续寻找着我最初的梦想。这个阶段，我系统地接爱了生态学知识教育，生态的血液流淌在身体里。

2006年，进入同济大学建筑与城市规划学院，怀着建设城市美好未来的热情，开始了我的博士生旅途。这个阶段我沉浸在城市规划的知识海洋中，在对中国城市快速发展而振奋的同时，感到城市发展中还存在很多需要我们不断深入探索的领域。

经历过农村人、生态人、城市人，感受到山水就是根，坚信生态就是未来，知道城市创造美好生活。而今，我经常憧憬一种生活，就是在城市里能看自然形成的小河，小河两边长满了原生的青草，河边有吃草的水牛，而牧牛人正是我。要城市的精彩，要非人造环境，要自己的一片天空，城市、青草、牛、牧牛人共同存在，也许只是一幅我的梦中画，但却能不断给予我前进的动力。

本书是在博士期间研究成果基础上拓展而成，与博士期间得到的指导是分不开的。在此特别感谢我的导师吴承照教授，他永远是我的领路人；感谢我的导师雷翔主编对我研究方向高瞻远瞩的指导与点拨；在同济期间，得到太多人的指导，是我人生宝贵的财富，有启蒙者、导航者、同行者、陪伴者、批评者……感谢吴志强教授和吴伟教授的悉心指导，让我人生学业路的方向有了巨大转变；感谢李京生教授与沈清基教授，我的研究得到两位老师细数不清的帮助！特别感谢陶松龄老院长、周俭副院长、宋小冬教授、戴慎志教授、严国泰老师教授、刘颂教授！同时特别感谢华东师大蔡永立教授、复旦大学王祥荣教授、上海绿化园林局张浪教授，知识无校界、国界，感谢他们的指导！同行者，时刻感受到他的关注与关心，感谢朱嵘博士、俞静所长、张云彬博士、陶石博士、郑卫博士、张磊博士……！

特别感谢中国建筑工业出版社田启铭主任对本书的关心与王磊的辛勤工作，他们的支持为本书顺利出版奠定了坚实基础！

最后要特别感谢的是我的夫人周凌云女士，每日送我出，迎我归，她支撑着整个家，此情难忘，永生相随！

作者简介

覃盟琳，广西大学土木建筑工程学院建筑规划系讲师，2009年毕业于同济大学建筑与城市规划学院，获工学博士学位。主要研究方向：生态城市规划设计理论、城市发展战略规划理论。主持参与了《登丰城市发展战略规划》、《重庆市黔江区城乡总体规划》、《钦州三娘湾滨海新概念性总体规划》、《滇中楚雄特色大城市发展战略规划》、《济南市南部山区保护与发展规划》、《双鸭山市安邦河流域概念性生态规划》、《大化瑶族自治县国民经济和社会发展第十二个五年规划纲要》等二十多项规划设计项目。

主持《中国—东盟合作框架下广西口岸城市发展战略研究》、《南宁建设宜居城市政策与措施研究》、《南宁市发展经济特色板块研究》等多项省部级及各类研究课题，参与《城镇化生态承载力评价预警系统关键技术研究》、《环境友好型城市的人居环境规划与管理的体制研究》等多项国家重大基金项目。在《城市规划学刊》、《规划师》、《中国园林》等中外核心期刊发表论文近20篇，出版专著1本。